在不安的人生里优雅前行

毕 磊◎著

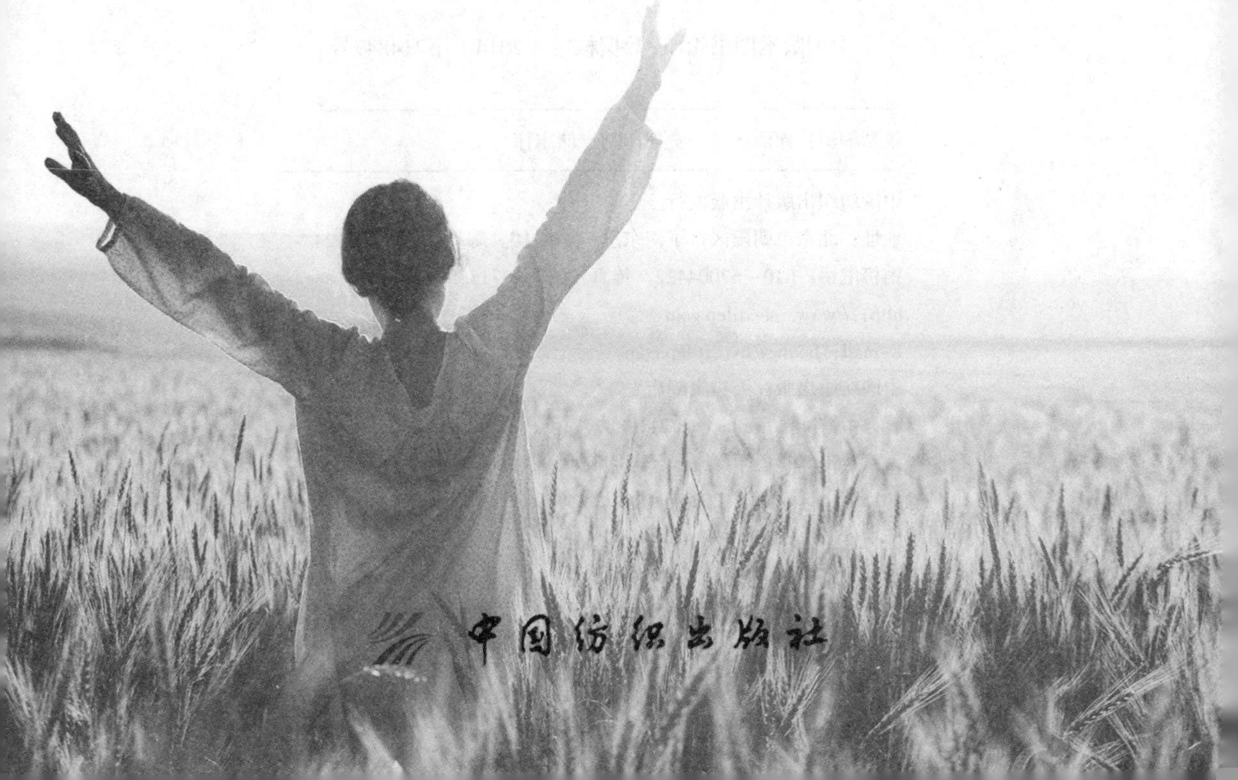

中国纺织出版社

内 容 提 要

走上社会，站在新的起跑线上，每个人心里都有这种不安和惶恐：为什么小伙伴们看上去都过得比我好？为什么有的人进步和变化很大，而我却好像在原地踏步？怎样在不如意的人生里奋起直追？如何优雅地追赶生活的脚步？

《在不安的人生里优雅前行》帮助你拨开人情世故的迷雾，理清处理爱情、婚姻、事业、家庭各种问题的思路。严肃的面容下充满人生的智慧，嬉笑怒骂中包含了独到的看法。二十多岁是一个人一生精力最充沛、锐气最足的一段时光。花也开好了，未来的大门也打开了，就等着你去用力去生活了。收拾心情、整理思绪，跟着作者踏上认识自我、重塑自我、成就自我的优雅旅程吧！

图书在版编目（CIP）数据

在不安的人生里优雅前行 / 毕磊著. --北京：中国纺织出版社，2015.1 （2024.4重印）
ISBN 978-7-5180-0973-2

Ⅰ.①在… Ⅱ.①毕… Ⅲ.①人生哲学—通俗读物 Ⅳ.①B821-49

中国版本图书馆CIP数据核字（2014）第214847号

策划编辑：徐丽丽　　责任印制：储志伟

中国纺织出版社出版发行
地址：北京市朝阳区百子湾东里A407号楼　邮政编码：100124
销售电话：010—67004422　传真：010—87155801
http：//www.c-textilep.com
E-mail：faxing@c-textilep.com
中国纺织出版社天猫旗舰店
官方微博http://weibo.com/2119887771
北京兰星球彩色印刷有限公司印刷　各地新华书店经销
2015年1月第1版　2024年4月第2次印刷
开本：710×1000　1/16　印张：16.5
字数：157千字　定价：75.00 元

凡购本书，如有缺页、倒页、脱页，由本社图书营销中心调换

前言

我就像十年后的你们。我今年30岁。

这本看似随意写就的书，再读一遍，竟是自己十几年青春岁月的总结。这里有一个十几岁懵懂少年的影子，也有一个初为人父的样子。

如同许许多多同龄人一样，我生在一个普通的北方小城。童年的记忆里，被晨光照射的明亮的街道上，我一路奔跑，奔向喧嚣的校园，热闹的课堂。长在千年古城，氤氲泉水灵气，熏陶文化气息，青春的校园留下了难忘的故事，初入职场的日子长了太多记性。活在古国首都，呼吸着雾霾空气，穿梭在拥挤人潮，在异地他乡奋力向前。那些平淡无奇的片段在发生很久以后仍然时常闪现。感恩岁月，感恩成长。我是怀旧的人，我是善感的人，我感谢伴我成长的伙伴，我感谢给我教益的朋友和同事。我记录下成长路上的点点滴滴，我愿意分享成长历程中的细微感受。希望你们不再走我曾经走过的弯路，希望你们汲取我获得的经验。

这本书，也是我三十年人生经验的总结。走走停停，看看想想，不知不觉已三十而立，在职场摸爬滚打十余年，感叹时光似箭。我常常警醒自己，不要丧失对生活的敏感，要常常把人生的感悟留存下来。我把这些只言片语都汇聚在十几万字的书稿里，作为十年人生经验的结晶。

这本书，也是我三十年人生故事的集聚。每一位父母都望子成龙、望女成凤，父母也对我抱有很大期望，可我对自己的期望只是做一个有精彩人生的小人物。这些年里，我走过三山五岳、游尽大川大河，亲身经历不少，道听途说甚多。我把它们糅在书里，希望能够缓解我讲你听的枯燥。

我不喜欢那种说教式的宣导，也不喜欢那种摘抄式的敷衍。我觉得为文为人总有相通之处，人贵求真、文贵求实。一路走来，我把自己的点滴感受、点滴收获都记录在一篇一目中。希望它能摒弃说教，在给你加油鼓劲的同时，还能兼顾可读性，保留一些趣味性。

出版社的策划编辑徐丽丽小姐是我的故交，相识十年，她评价我“三观很正”。书中常常写到的妻是我高中同学，和她相识的时间占我人生的一半，她对我的评价是“都说是个很正直的人”。这本书有她们的功劳。可能就像她们评价我的，我就是这样一个人，不喜欢走弯路，也不相信捷径。我一直抱着不能事事如意，却要事事尽力的观念，从不谙世事的少年奔向三十而立，从乡情浓厚的山东奔到了足够博大与宽容的北京。我与她们一同走过了自己的青春岁月。十年后的我们，再一次回望来时路，不胜唏嘘。谢谢你们。

以前总是感觉写下“回望”、“感怀”一样的字眼有矫揉造作之嫌，这几年却不再有这样的心虚。也许我们真的开始成长，也许我们真的有了那么多的无力。虽然三十年的人生还不够完美，可要是今后的人生岁月能够一直保持今日这般坚定、自信、无畏、无悔，一生也就足够。如果翻过这本书，你能从中感受到些许鼓舞、些许感触、些许力量，就是对我最大的肯定。

毕磊

2014年7月

目录

CONTENTS

第 *1* 章　一生中最重要的10年，你是否正在浪费

第 *2* 章　我都快30岁了，还没有什么拿得出手的

第3章　10年后，你会是什么样子

第4章　你唯一能把握的就是变成最好的自己

第 5 章 30岁前的定型准备

第 6 章 你想做的到底是什么

第 7 章 想改变的你，如何启动改变模式

第 *8* 章　你必须很努力，才能看起来毫不费力

第 *9* 章　不要被你不知道的或是没有做过的事限制

第 *10* 章 对待婚姻要像对待工作一样积极

第 *11* 章 如何获得你的身份资本

第 *12* 章 内心强大才能在前行的道路上披荆斩棘

第1章

一生中最重要的10年，你是否正在浪费

◆ 我只是在消磨时间

我出生成长的城市，地下有丰富的煤铁资源，早早地发展起来。小时候，大家相约去上学，路过钢厂的高炉车间，就会看到厂房外面这样那样的标语。好多年过去，所言为何大都已毫无记忆，唯一印象深刻的，只有一句：“工作着是美丽的。”

在20世纪80年代的小城，我们的父辈大部分还过着吃大锅饭、拿平均工资的生活。唯有钢厂的小朋友的父母，早早地过上了我们爹妈艳羡的“小康”生活。而且，这些小朋友好像都很自由，无人管束，早早地享受了我们馋得口水巴巴的“放羊”生活。

后来，等我们懂事后才慢慢了解，钢厂的职工都非常忙碌。早出晚归都是常事，所以才多劳多得。高二那年学校组织我们去钢厂社会实践，回来后大家都窃窃私语，感觉他们的职工像是卓别林默片中的机器人，很“傻”，抢着干活。从前对他们的羡慕荡然无存。

大学毕业后，走走停停，一直忙碌，不知不觉已经过了这么多年。上大学后到现在，只有逢年过节才会回家，没有再走过儿时上学的小路，也再也没看到过那曾叫我印象深刻的忙碌情景，所观所感开始渐渐遗忘。

某一天，即将大学毕业的表弟跟我讲自己要到北京闯荡。饱尝独在异乡孤独滋味的我欣然应允。妻早早地腾出我们的小卧，为他准备。

大包小包的表弟放下行囊，第一件事是先把网络接好。然后长舒一口气，大呼一声："自由了，要赚大钱了，好爽好爽！"然后就开始玩游戏，期间还去楼下超市买了一包烟，一听可乐。

第一天，没动静。第二天，还是没动静。

第三天，我忍不住了，我说你怎么还不去找工作，他说再等等。

第四天，仍然告诉我先休息几天。

这一等，就是半个月。

后来，妻看不过，介绍他去朋友的公司上班。

没过几天，他就收拾行囊回来了。告诉我们要回老家去。

好像是早就料到的结果。虽然妻早就告诉我他在做销售，但我故意问他这些天在公司都做了些什么。他说什么也没干啊，就是在那消磨时间。我问你们主管不管你吗，他讲主管认识我姐（他称呼妻为姐姐），看过我几次什么也没说。

没必要问下去了。工作是讲效益的，没有地方会养闲人。

晚上和妻卧谈，说起小时候看到的那句话，才一下子体会到那个时候我们的艳羡背后人家付出的艰辛。联想到表弟的经历，方才感慨钢厂的职工们不"傻"，是我们觉悟太晚。

每个人都有潜在的能量，只是很容易被习惯所掩盖，被时间所迷离，被惰性所消磨。现在初出茅庐的这一代人，基本都一样。不论家庭条件如何，可亲可敬的爸爸妈妈都是把自己最好的一切给我们，让我们从来不为生计发愁，习惯了衣来伸手饭来张口的生活。家庭好像母体，孕育期间营养过剩，待到十月期满，不但难产，伴随着啼哭还有一身毛病。"自理自立能力缺乏症"、"拖延懒散症"、"不求上进不思己过症"等接踵而至。虽不致命，但是整个人基本上处于瘫痪状态，吃饭基本靠喂，走路基本靠扶，工作基本没谱，爹妈基本绝望。

后来，我跟表弟说，你得勤快一点，更别想着天下掉馅饼。别说天底下没有掉馅饼的好事，就是有这千年一遇的好事叫你撞见了，你跑得慢一样砸不到你的头上。凡事别想着走捷径，以过来人的经验来看，这个世界上捷径大概只存在解数学题的时候。世界上最便捷的道路，就是不怕麻烦地做好每一件事。

很多人在成年以后都在感叹，要是永远不长大多好。其实这样的感叹不过是逃避不如意现实的托词。长大是人生不可逆转的必经历程，既知如此，自不必空余感叹，最打紧的事情就是抓住能抓住的，把握能把握的，争取能争取的，最后收获能力范围内能收获的最大果实。生活如此紧凑，一步落后，就得付出十倍的艰辛去追赶。现在泄了气，能不能赶得上都不一定。即使后劲十足，那个时候再努力也必然比当下咬咬牙挺过去要付出更多的艰辛。消磨掉的看似是时间，其实是你人生的一段。在消磨的过程中，年华老去，锐气不再，待到垂垂老矣，一切都悔之不及。人生哪有那么多时间去消磨！

成功的人，总有他的共同之处，这其中就有一点叫作事业心。柳岩小姐身材惹火，常常登上各大时尚杂志的封面，曝光率十足，自然也是赚得盆满钵满。可是柳岩小姐这样说过，希望大家不光看到她的“事业线”，还要看到她的事业心。读到这句话，我对她的印象完全改变，原来她最漂亮的地方是大脑。想想吧，身材惹火的妹子有多少，又有几个人能做到她一样的位置？

大禹治水时比他父亲鲧的高明之处就在于变堵为疏，既来之则安之，理顺思绪，变坏事为好事。治疗无所事事这种惰性病，有一味良药，叫作把爱好当工作，把工作当消磨。有一个被领导认为“很一般”的基层公务员，面对日复一日看不到出头之日的生活，做了一个决定，把从前一点一点消磨的时光挤出来慢慢地书写成一部鸿篇巨制。这本书意想不到地风靡神州，他也成为草根讲史的集大成者。他有一段采访被广为传播：“比我有才华的人，没有我努力；

比我努力的人，没有我有才华；既比我有才华，又比我努力的人，没有我能熬。在他们消磨时间的时候，我却在不停地努力着。”他，就是石悦。这个名字或许陌生，但“当年明月”的网名你一定知道，书你可能没读过，可名字你一定听过，它就是《明朝那些事儿》。

◆ 你在为什么而活而忙而悲伤

几年前，我看过一个叫作《梦骑士》的广告短片，它是奥美广告为台湾某银行所做。故事讲述了一群平均年龄81岁的台湾老人，在好友的追悼会上触景生情，看到年轻时候大家一起在海边的照片，想起朋友已逝却没有实现的约定，拍案而起，骑摩托车环台湾旅行的故事。

短片伊始就抛出这样一个命题："人为什么活着？"旁白介绍道："5个台湾人，平均年龄81岁，一个重听，一个得了癌症，3个有心脏病，每一个都有退化性关节炎。6个月的准备，环岛13天，1139公里，从北到南，从黑夜到白天，只为了一个简单的理由。"在明暗场景的变换中，一群老人拔掉针头、抛掉药丸、扔掉拐杖，打开尘封的车库，背负着亡友的遗像，踏上了实现约定的旅程。短片的最后，他们来到年轻时曾一起嬉闹的海边，再一次如青年人一样追逐奔跑……

文字是苍白的，我想每一个看到这个短片的人都会被其间蕴含的满满正能量所感染。就如同短片最后屏幕上显现的那个"梦"字一样，它展示的就是梦想的力量。是的，每个人，哪怕老了，也要有尊严地活着、做自己想做的事。

人因梦而生，因梦而活，因梦而战胜卑微，因梦而成就伟大。在对抗生老病死自然规律的战斗中，人是注定的失败者。只是，如同体育比赛总有胜负，有的失败者却赢得尊严赢得掌声一样，就算结局已经注定，我们也要拼命做那个“不平凡的平凡大众”。

梦想或许是人与生俱来的能力。在幼儿园的时候，老师们总是喜欢提问我们长大了要做什么，有的小朋友要当老师，有的要当医生，有的要当飞行员，这都是懵懂孩童的梦想。大学临近毕业，有的同学决心从事专业，梦想能够进入奥美、博报堂这样世界顶尖的广告公司，践行自己填报高考志愿时的初心；有的转战房地产、销售等行业，要为“立我、富我”的梦想而拼搏；还有的备战考研、考公……原本，我们就都是有梦想的人。

人生路的关口，最怕就是找不到自己的方向。迈步向前闯之前，请一定有所思、有所想，不要再如幼儿园孩童一样天真，孩童之时的梦想只是父母口中交流的谈资，长大之后再信口雌黄，最后怕是会一无所获地收场。

三十而立，时常会感觉到肩上的担子沉甸甸。前几年，常有入错行的感觉压在心头，时常感觉为吃穿住用奔忙而疏远了初心。虽不言语，可总是把自己的感受放在考量问题的最后。做每个选择、每个决断都会把父母、妻儿、朋友、同事先思考一圈。最后的结果就是，我们一直做着那些我们不乐意、不擅长、不幸福的事。

妻常常鼓励我去做自己喜欢的事。她说，一个人在做自己喜欢的事的时候，战斗力是能力的120%，做不喜欢的事能力只能施展60%。一个人只有自己开心，才能带给别人开心。一个人只有自己幸福，才能带给全家幸福。我信服她朴素的比喻。

难得回家，每次回去总喜欢关掉手机，忘掉平日里的琐碎烦心事。早晨不必六点半起床的感觉总是叫我蠢蠢欲动，只是每当六点半还是会不自觉地醒来。听到厨房里辛勤的妈妈准备早饭的声音，我只能无奈地笑笑，赶紧爬起来吃早饭。我曾经告诉妈妈好多次，不用准备早饭，随便吃一口就可以，不吃也没关系。可是老人家总是不听，执拗地要早早起来做饭，哪怕我不醒也要把我拎起来吃饭。母亲的爱就是这样的伟大，一辈子勤恳的妈妈表达爱的方式也许就是每日三餐能够可口，就是出门在外毛衣是不是温暖，就是悄悄询问孙女听不听话，她恨不能把心窝掏给我们。提及到此，每每都会心头泛酸。在他们年轻时那个特殊的时代，我们父母连吃饱穿暖都是奢望，更不用说是精神上的愉悦。今天的我们，有这样的时间、空间去改变自我，是人生之幸。常常与妻共勉，我们要多读书，多出去走走，一定不能宅在家里。见识多了，就能战胜很多出身和眼界带来的狭隘和偏执，就能大度平和，缺点就会慢慢淡化，变得积极、乐观。

我试着去平衡“为自己活”的自己和“为别人活”的自己。慢慢地，我发现，也许身边的人和我一样，都希望能顾全别人。可是转念想来，如果作为“别人”的自己首先完成了自己的心愿、成就了自我，我们在乎的人会更加开心。

有心、有梦，才有奔头。有爱、有得，才有快乐。达己、达人，才有成就。

有奔头、有快乐、有成就，想来也就离“悲伤”更远了一些。

◆ 少年心事，酸酸甜甜

爱情总是叫人神往。从情窦初开的花季雨季到最后踏入神圣的婚姻殿堂，那或者青涩、或者甜蜜的情感回忆总是占绝这个特殊年纪大半的心房。

很多人说初恋难忘，我想，年少时节的感情之所以动人，一是因为它的纯粹；二是因为它发生的时节。

这个时节的感情，没有掺杂感情以外的因素，纯净得如同水晶“没有负担秘密干净又透明”。因为爱而走近，因为爱而熟悉，因为爱而爱。这种纯粹在成年以后，好像再难遇见。即使有人如某电商的CEO一样宣称：“××是我见过的最单纯善良的女孩子”，他的内心深处也一定也会偶尔想起那个曾经与他不计得失、同甘共苦的同龄人。这不是某个人的虚伪，这是人性赋予每个人的共有弱点。宝石者，除去有如琥珀需要内核者为佳，大多还是无杂质纯净透明者为先。世事亦然。

很多时候，我回忆过往的自己，常常心有所思。想来不是因为某一个人，而是因为有这个人陪伴的那段时光。他（她）已经成为一个符号，一个那个特殊年纪的符号，他（她）代表了你全部的青春岁月。王家卫的《2046》中曾有这样一句话：“爱情这东西，时间很关键，认识得太早或者太晚，都不行。”

你想念的不再是懵懂少年梦中的他（她），而是那个时节本身。你们从懵懂的少年时代开始一起成长，成长的喜悦和酸楚共同分享。于是，你们就有了共有的青春记忆，那些或清晰或模糊的印痕深深地改变了你。在你成年之后，回望自己的年少时光，或许很多的细节已经消失不见，但是那个时节造就的性格、养成的习惯都在时时刻刻提醒着你，它的独特存在。

和每一个那个阶段走过来的少年一样，我也曾经热切地期盼那个独一无二的她。只是，她来过，又走了。再次出现过，又消失不见。那个时候的自己被青春期的荷尔蒙充斥着头脑，好像也没有太多的时间去思考，只是疯狂地挥霍着那种叫作青春的东西。我已经记不起那些一起玩闹的故事，只是后来偶尔路过的街角，偶然想起的CD，会一下叫你想起某个人，这就是青春的印记。

审视今天的自己，我始终心怀感恩。女孩子要比同龄的男孩子早熟，更早地思考想要的是什么，应该怎样追求想要的生活。少年岁月共同成长的她，足够宽容，融化偏执少年心中的狭隘；足够理性，化解血气方刚躯体里的执拗；足够积极，点醒心智中时时泛起的少年迷梦。曾经几多内向、木讷的自己，始终感恩她带给自己一个更加明亮、更大宽广、更加平和的世界。就算今天的我，被人评价为有心胸、有思想、有办法，少年时代也不过如所有的男孩一样不知进退，不知所为，不想明天。因为这个人的存在，也许就在彼此争执的言语中，我们飞速地改变了。少年时候身边的那个他（她）是一个能工巧匠，悄然改变和塑造一个脱胎换骨的你。这段时光，足以改变人生的轨迹，所以你会常常想念。

对这个年龄的爱情来说，很多时候，所有的挥霍会在一个瞬间戛然而止。有一个朋友这样描述自己的感情："失恋是每一个人成长的必由之路，因为这刻骨铭心的失去，才能够由被惯坏的自大慢慢萎缩，变得卑微，感受到自己的微不足道。在蛰伏之后积蓄能量，慢慢恢复，找到自己的常态。""这样的恢复表面来看是恢复到一种常态，其实已经是一个全新的自己。好似每次蝉蜕，留下一个旧的躯壳，会有新生的躯体，迎接新的生活。”

在失去的过程里，我们痛苦挣扎，心如刀割。大多数的我们，都会在一番折腾之后悄然走过那段岁月。在这个过程中，我们长大了。爱得痛了，痛得哭了，哭得累了，翻过这一页，会有一个崭新的自己。

“曾让我那样流泪的爱情，再回首时，也不过，恍然一梦。”有过爱，才知取舍。有过失去，才知珍惜。有过错误，才会甄别。

我常常告诉自己珍藏记忆，善待回忆。在我的高中同学录上，有朋友这样写道：“虽然不常联络，但是希望很多年以后，一见面、一通电话，还能像今天的我们一样，不羁地说话，大声地欢笑。”也许后来的你们天各一方，再无谋面，但是一路走来的共同记忆，就足以维系你们一生不陌生，不疏离。请善待自己的记忆，珍视曾与自己共同成长的人。

要放下过去，珍视当下。氢气球下面缀着铅块，就只能定定地立在原地。佛家有偈语说，“如何向上，先要放下”。不必长久地对同行时光中的琐碎细节耿耿于怀，是非对错都已不再重要。甩开当下的羁绊，才能大步迈向你期望的明天。在奔跑的过程中，好像你想要的一直远在天边。可机遇青睐热爱生活的人，用心生活，改变自己，你就会发现，在奔跑的路上，更珍贵的爱在拐角等你。

◆ 熬日子是会成惯性的

小的时候，我是一个非常勤奋的小孩。得益于父母培养的良好习惯，我会很早起床背诵课文和外语，晚上回家后不做完作业一定不会出门。还记得某个假期，听闻哥哥们要去下河捞鱼，孩童爱玩的天性驱使我跃跃欲试，可是想到自己抄写课文的作业没有完成，心情十分沉重。好心的哥哥看在眼里，提议要帮我抄写课文。我大喜。于是哥哥飞速地帮我抄写了一遍，拿到手里，我却哭了——我嫌弃哥哥抄写得不认真，字不好看……

再回头看孩童时候的自己，有时候会吃吃地笑。有一丝丝的骄傲，有一丝丝怀念。那种状态，现在来看，是一种叫作“勤奋”的状态。在那种状态里，每一种不是100%努力、100%上进的做法都不是常态。因而，在上大学之前，我的成绩一直名列前茅。“勤奋”成了惯性，“优秀”也就成了寻常。

十几年以后，我踏入大学校门。在这里，我完全变成了另外一种状态，选修课必逃，必修课选逃，60分万岁的思想在我身上留下了深深的烙印。好几次在补考的考场里，抓头挠腮、左顾右盼之时，我也曾下定决心做回曾经的自己，不叫大学留有遗憾。有赖可敬又可爱的老师们高抬贵手，我能一次次涉险过关。每每得知“过关”的消息，考场上的决心就飞到九霄云外，对于“学习”这件学生最应做好的事情越发漠视，日积月累，成绩一落千丈，每学期都退一步，“熬日子”成了上学的“主旋律”，就那么“混”到毕业。被判定为“合格”的本科毕业生踏入社会已属不易，更毋言读研、出国。自己的学习生涯也就那么平庸地结束，虎头蛇尾。

后来从省城到北京，身边的同事朋友每每问起都是北大、人大毕业，硕士、博士学历，动辄就是“三好”、优秀毕业生，我嘴上不说话，心里还是有那么一丝丝的追悔，一丝丝的羞愧。只是木已成舟，空留感叹。常与爱妻回首往事，想来人生三十最追悔的一件事莫过于此。

经历过刚入社会的彷徨，好不容易谋得一差半职，开始体味人生五味。人家常说：“每天叫醒自己的不是闹钟，是梦想。”其实也不尽然，想来还有一种叫作“本能”的东西，这种东西混杂了基因里的秉性和后天环境的压力。忽然就在那么一个阶段，我们和过往的混沌人生告别，已然忘却的勤奋重归于身。更现实的原因是身边有那么多起点比你高、能力不比你差的同事、朋友比着，如果不能更勤奋一点，估计吃饱穿暖都是问题。

好似一切又回到了少年的时光。晨光熹微，我已经梳洗干净出门，好多年不见的朝阳原来这般美丽，激励如我们一样为梦想奔波的人们。白日喧嚣，我们行走在水泥森林中或宽或窄的街道，耳畔是这个伟大时代特有的朝气蓬勃。傍晚时分，收拾行囊，穿越人群，带着收获回到虽不宽敞却足够温暖的小家。我想，不是每个人都有匡济之才，心怀天下，可你一定有一个小小的心愿，就是可以有自己满满的幸福。

认认真真地完成每一份工作，慢慢发现初来之时感觉繁杂的工作越发简单；乐观热情地去结交朋友，慢慢发觉初到异乡的孤单慢慢被浓浓的情谊包围；努力地写作，慢慢发觉已经生疏的写作本能开始恢复；用心地生活，慢慢发觉生活的回馈也越来越多。原来，生活一直厚爱我们，只要我们用心生活，就一定不会被生活所负。

祝福别人，我们喜欢说“芝麻开花节节高”，这是一种朴素的愿望，希望大家的生活可以一天更比一天好。而对于自己，我只希望多年以后回首往事，可以骄傲地说“我一直在努力地生活”。

北京，你用宽广的心胸包容平凡的我们。虽然在车流滚滚的环路上，我时常会感觉自己的卑微，可是每当想到自己有所为，有所得，有所爱，有所感悟，就心怀感恩。抛弃了“熬日子”的生活，认真地“过日子”，原来生活真的厚爱我们很多。

◆ 谁的青春不迷茫

少年不知愁滋味。回想多年前，当高考结束铃声敲响的刹那，忽然生发出一种虚脱感。好似十年寒窗，我们一直在绷着一根紧紧的弦。学校的课堂上，家庭里的饭桌上，师长反复告诉我们的就是进入大学，就有挥霍不尽的大把时间，就有消磨不尽的自由。我们私底下的憧憬里，那里还有许许多多漂亮的女生，还有永不散场的欢聚和享用不尽的乐子。

高考交卷的铃声，彻底释放了这种压力，我们疯狂地释放自己，无尽地期盼那即将到来的大学生活。

多年以后，再回味自己的大学时代，忽然发现能记起的点滴寥寥无几。那校园幽静小路上消磨掉的光阴，那喧嚣网吧中远去的吵闹，以及一米宽的卧榻上悄然消逝的青春岁月，一点一点模糊，然后消失不见。

卸下学业的压力，踏入那矮矮围墙后面的大学校园，在很长一段时间里，我们不知道要做些什么来打发掉如此海量的时间。假如彼时可知十年后自己的窘迫，断然不会在迷茫中放纵自己。那个时候，坐在校园湖边的长椅上发呆就能消磨掉一下午，甚至坐在电脑前看电影抬起头就已经午夜之时。

就这样浑浑噩噩地过着，转眼的时间，已经度过一半的大学时光。然后，忽然就在一夜间，大家开始各有打算，考研的考研，找工作的找工作，剩下的就是要回家接班的“富二代”和一心要入侯门的“考公族”。想不明白昨天还一起做梦的小伙伴怎么忽然都忙了起来，好像只剩下自己无所事事。

我试着叫自己忙碌，试着叫自己找到未来的方向。于是我也买了考研资料，准备再在校园里消磨几年。第一天，刚坐下我就打起了哈欠，一觉醒来通宵教室里已经没几个人，抱起书往寝室走。这么多年以后，我仍然能够清晰地回味那种失魂落魄的感觉。路过曾无数次徘徊和徜徉的湖边，我颓然地一屁股坐下，忽然心里开始隐隐地害怕。

那是一种怎样的感觉，当时是无法言语的。现在再看，大概就是恐惧。“生活在一起的一群人，怎么忽然间就有了这么大的差距”。回头看看自己的大学时光，好像除了混到毕业证书什么也没有得到。学校用自己的包容保护了我们，可是明天还有一批一批的师弟师妹要来抢占你的位置，学校也不能庇护你。你感觉到一种脱离母体的恐惧，害怕未知的挑战把自己打击得体无完肤。

那段时间的自己，无比迷茫。

起先我以为，我成绩平平，无法靠学术吃饱穿暖，那么那些年年奖学金的同学、保研的同学一定是能安然入眠的。我以为我笨嘴拙舌，踏入社会无法出人头地，那么那些学校社团里的“主席”、“部长”们将来一定会是要云有云、呼风唤雨了。反正那个时候，自己特别彷徨和不自信，生怕会饿死在学校赶我离开的七月。

毕业五年后，同学聚会，我犹豫再三，最后还是姗姗来迟。

那种久违的亲切一下子包围了我。觥筹交错，酒不醉人人自醉。我们一如多年前一样勾肩搭背，一如多年前一样在空旷的街道大声玩笑，笑得眼里都是泪。坐定谈笑间说起毕业前的自己，我才知道不管是谁，不管在别人看来怎样的淡定，其实都曾一样的茫然和彷徨。

迷茫是每一个青春躯体在那个阶段必经的历程，好比一个孕育十月的胎儿，无论父母遗传给他怎样的基因，无论母体给予他怎样的营养和温暖，当他将要亲自来感受这个世界，都要经历一番痛苦挣扎。也只有经历了初生的辛苦，他才有了足够的免疫力和抗压力，能够健康和勇敢地面对真实世界的纷繁和复杂。

所以，处在人生的十字路口，大可不必不自信，大可不必为未知的“饥寒交迫”过于担心。与其在犹豫中被负面情绪笼罩，倒不如轻装上阵，清醒地明白自己所处的位置，认真地规划自己的未来，脚踏实地地走好当下的每一步。

曾经有一本书，是这样描述这段迷茫的时光的：“当我们尽力把悲观的事情用乐观的态度去表达时，你会发现迷宫顺着走到出口能遇光明，倒着回到出发点一样光亮。我们都一样，正处于期盼未来，挣脱过去，当下使劲的样子。会狼狈，有潇洒，但更多的是不怕。不怕动荡，不怕转机，不怕突然。谁的青春不迷茫，其实我们都一样。”

◆ 谁都有一点对不确定未来的恐慌

在我成长的岁月里，有三首叫作《青春》的歌曾经深深地感动过我。痴迷校园民谣的我曾将沈庆的《青春》单曲循环一整天。汪峰为筠子创作后来又收进自己专辑的《青春》也曾温暖偌大校园中迷惘懵懂的自己。再有一首，就是王凡瑞的这一首。

这个夜晚，我突然间长大了。

真正感到了害怕，

感到正慢慢丢失着青春，都无法追回。

那流走的岁月，这刀一样的时光，

它催我老去，让我变得丑陋。

幻想依旧伟大，

我已不再是什么英雄，我已成熟得像个老者。

与生活完全讲和。

我依旧飘落在空中，像一片散落的花瓣。

我还是那样的纯洁，像一个天真的孩子一样，

在拼死坚持。

初到北京人地两疏，几乎要走投无路的时候，在某一个僻静的场合，听到这首《青春》，压抑许久的苦闷和对未来的恐惧一下子击中内心最柔软的地方。

歌声能够打动人，大抵是契合了那个时刻的心境。好多年过去了，彼时的心境已不在，那种对未知的恐惧却还能时常记起。

人成长的每一个阶段，都会有那个时节独有的迷惘与恐惧。

整个高中阶段，我都在为能否如愿考上大学而焦虑。尤其是高三，焦虑到了夜夜辗转难眠的程度。可是早晨一睁眼，到了学校里，还是惯性的吊儿郎当的样子。亲爱的老师们不厌其烦地讲解要点，厚厚书本后面，我不知道自己在做什么。回到家里，盯着书本，听着耳机，深深确知内心深处的慌张，却又无法了解究竟为何如此慌张。

好不容易进入了大学，迷惘了两年，一下子被学校推出怀抱，毕业前那段时间，身边的同学签约的签约，考研的考研，创业的创业，我异常焦虑。夜里睁着惊恐的眼睛看着天花板已经是常态。早晨一觉醒来，空空的寝室，只有《实况足球》的游戏陪伴我。

跌跌撞撞工作之后，怀揣着用笔战斗的梦想，当起了日报的小记者。起初的兴奋和新鲜之后，看着月底工资卡上可怜的薪酬，眼见曾经的伙伴一个个衣着光鲜、一个个出人头地，我反复告知自己必须改变。我开始深深地不自信。不吸烟的自己狠狠地踩灭几支烟，下了最大的决断，我要卷铺盖滚蛋，我要去北京。下定决心的刹那，一种“混不好我就不回来了”的豪情油然而生。

到了北京，举目无亲。我得承认，三线小城长大的我看到车流不息的北京心里有点慌张。第一次开车上复兴门桥，我走错了方向。绕完圈圈回到自己的小窝，我出了一身汗。躺在床上，我想，假如迈出了脱离家乡庇护的这一步，却不能靠双手留下，拿什么去抚慰为我焦虑为我担心的爸妈？硬着头皮去找寻机会，感谢某某单位的收留，使我不至于饿冻街头。北京用自己的包容接纳了我，使我有了立锥之地。每当面对后来人说起这段经历，我还心有余悸。

到了谈婚论嫁的年纪，面对对面的她，几多的犹豫，几多的怀疑。翻来覆去一点都不是自己期望的样子呢。不够漂亮甚至都不会化妆，不会黏人甚至都不会说甜蜜的软话，热爱工作甚至都不愿出门陪我玩耍，不爱摄影、很少运动，更没有对我的崇拜。我期望的貌似是一个飘然而至，头戴棒球帽身背吉他的文科或者艺术女呢！怎么是这样呢？我感觉有些淡淡的失落。

不温不火地竟然一起走了四五年，后来我们结婚了。婚礼上，我发现从不化妆的她化妆后是一个美女呢。婚后我发现一向感情迟钝的她竟也会有点小心思，也会在我生日偷偷给我准备一桌我爱的饭菜。再往后，每当假期，竟也屁颠屁颠地收拾好行囊，一起陪我去香格里拉看自然的壮美，一起去巴蜀之地品尝美食看夜雨涨秋池，一起包裹严实钻进冰宫雪海追逐嬉闹尽情奔跑。等有了女儿，竟也早早地给女儿准备了尤克里里要把她培养成我的小情人呢。她变成了一个我曾经期望的人。

原来，我们曾经的很多焦虑都是庸人自扰。

人的一生，是一个注定了节奏的历程。每个节点，都会有自己的起承转合。宿命论者认为生老病死冥冥之中自有安排。无神论者如我，在经历之后也相信，很多的焦虑都是不必要的。该来的会来，因为内心隐隐的期望早已将你引向你该去的地方。其实我们的内心深处，早已不经意地为自己的未来做了决断。

扔掉那些对未知的恐惧吧。对学业有恐惧的时候，莫若翻开书本，多学习一个知识点，点滴积累，总有提高。生活上恐惧的时候不如甩开各种借口多想一点办法多寻一种出路去改变现状，事前的焦虑换来的大多是事后的轻松。婚姻的恐惧要排除“非你不可”的狭隘还要摒弃“唯我独尊”的脾气，多一些爱与责任，收获加倍的契合和幸福。世界上的事大抵都是这样。

每天我下班，走过那个小胡同，很多拉人力车经营北京胡同游的师傅都闲坐在车上打牌，每天都是如此，好像我从未看见他们拉活。有一次，我在旁边等待修鞋师傅修鞋的空当，问他们收入怎样，他们头也不抬地说，要那么多钱干什么啊！你挣钱比我多你有我乐呵吗！看，我们多了很多忧愁，丢掉的恰恰就是这样的洒脱！

◆ 你终将知道，眼前的10年是多么宝贵

用一个现在比较时髦的词来说，爸爸年轻时候算是一个文学青年。小时候在奶奶家、自己家翻箱倒柜，总能找出很多那个时候当红的书籍。从叔叔姑姑们的嘴巴里，听说爸爸年轻时还曾写过几十万字的小说，只是那个时候出书没有现在便利。出版社的编辑亲自写信请爸爸改稿。或许是工作之余写作时间太少，或许因为别的什么原因，其后书没有出版。他写作的专长就搁了起来。

后来有了我，爸爸把他所有的心血放到我身上。我问同龄的朋友，他们学龄前的记忆几乎为零，可是我却记得很多片段。三四岁的时候，爸爸就买了粉笔在门口的水泥地上教我认字，在别的小朋友学写一二三的时候，我已经开始学写自己的名字。不久，他就把原先挂到墙上的钟表放在桌上，教我认表。他工作的地方离家很近，我常常跟着他去车间。耳濡目染，如今的我，家里的水电暖基本能自己搞定，也许就要归功于那个时候培养出的爱观察、爱动手的好习惯。

妈妈也是如此，她每天一下班就陪我写作业，监督我的一言一行。我家到现在吃晚饭都要比旁人家晚一些，可能就是那时候她要陪我把作业做完再吃饭养成的习惯。那个时候为了防止我写作业时弓背，妈妈专门准备了一把尺子，

一弯腰就要敲打一下。

小时候赌气犯拗，反感被管束。可是现在再来看，那些不愉快却一点也记不起，只是深深感激他们为我所做的一切。

上学之后，虽然成绩一向优异，可我并非用苦功的孩子，究其原因，应该就是爸爸妈妈“早别人一步”教育的结果。起跑线上早起跑，途中跑就总觉得已经领先，千万不要懈怠，潜意识里就一直驱赶自己。尽管自己的青春期叛逆而漫长，几乎没有安静下来读书的时候，不过因为爸爸妈妈打下的良好基础，却也跌跌撞撞地上了大学，参加工作。

很多朋友都说我智商高，不论参加什么考试，我几乎没有太上心过，最后结果却都还不错。我把这归功于爸爸对学业的启蒙和妈妈对习惯的培养，至于脑壳里的脑细胞，我并不认为比同龄人更灵光。

俗话都说种瓜得瓜种豆得豆，春华秋实。我们今天所走的每一步都是多年后自己向上奋进的阶梯，或许你感觉有点累了，可是对比有所成就后的轻松，我想这都算不了什么。

二十多岁，是一个人心智开始成熟、身体素质最好的一段时期。回想起十年前的自己，可以在球场连续踢球一整天，晚上回到寝室睡一觉，第二天没事人一样去广场打望妹子。就算情感抛锚，无非也就是象征性失落两天又原地满血复活。换作现在的自己，估计没有体力更没有心情那么快地去转换角色。我常常感慨，要是那个时候多一点如今的决断，说不定早不是现在这样进退维谷的境地。如今的自己，虽然看起来还不错，可是比起儿时梦想的样子，还是差了好多好多。

既然不怕累，那就更勤奋一点。既然不怕苦，那就用不怕失败的劲头多去闯一闯。我相信，每一个20岁的青年，都是一头被锁在笼中的幼狮，只要敢拼敢闯，一定可以冲破枷锁，找到属于自己的一片天。

摄影是我的业余爱好。说起我比较欣赏的摄影家，得算是罗红。这位摄影家有点特殊，他不是专业出身，更像是一个顶尖的发烧友。说他特殊，还和他的身份有关——中国最大的烘焙企业好利来的掌门人。他从一个前店后厂的小门店起步，一路将好利来打造成中国烘焙行业的巨无霸。我们不是在讲他的创业故事，我们来说说他成名后的生活。成名后他基本不再参与公司的经营，把自己大部分的精力放到自己的兴趣爱好——摄影和环保事业上。据说十年时间里，他三十四次走进非洲，航拍野生动物，宣传环保理念，还曾独闯南极、北极，拍摄帝企鹅群落和北极熊。2006年他个人出资与联合国环境规划署共同建立“罗红环保基金”，支持世界环保事业，奖励对环保事业做出杰出贡献的人士……对待罗红，一万个人眼中有一万个看法。有人认为时势造英雄，他的成功得益于他先进的经营理念；也有人说他性格洒脱，才能抽身出来去搞环保、拍照片。就我自己来说，我非常喜欢他在广袤草原上航拍野生动物的摄影作品，但我更欣赏他急流勇退的非凡智慧。不过这些都不妨碍我们得出一个结论：没有二十年前那个卖掉房子、摩托车孤注一掷创业的罗红，没有那个为了企业发展殚精竭虑、三更睡五更起的罗红，就没有今天这样一位明星式的企业家、环保家、摄影家。

不要只羡慕别人的收获，多想想别人的付出。不要只看到今日别人的洒脱，要看到昨日别人的劳作。今天的你要打基础、盖好房子，十年后你才能有温暖的窝，走出去才有自己的一片天。年华正好，春光正好，不要负此韶华，不要负此时节。

努力吧，少年！

第2章

我都快30岁了，还没有什么拿得出手的

◆ 人生的路啊，怎么越走越窄

前几年，有一次我急需一笔钱周转。想来想去没有办法，只好去和朋友们借。最后这件事在朋友们的接济下顺利解决了。在这里，我并非要表达我对友情的歌颂，我要说说在这一过程中的感受。

这笔钱数额不算小，对于才毕业没几年、我们这个年龄的人来说，一个人很难筹齐，需要多找几个朋友。但是借钱的时候我就已经讲明，这笔钱仅仅是用来周转，我最迟会在两个月内归还。我这个人平生最怵求人办事，不喜欢给人添麻烦，但是急需用钱没法，只能硬着头皮上阵。我把手机联系人翻了一遍，找出几个从小一起长大的伙伴来。这个过程说起来很快，其实充满了权衡和纠结。人做某一件事的时候，内心多少都已经做了预期，这几个小伙伴和我一起成长，大家知根知底，我自认为应该有两三人伸出援手。不料结果是全军覆没，有的是父母急用，有的是做生意抽不出闲钱，还有的干脆就借口信号不好挂了电话。于是，我只好求助于大学的好朋友。如果说先前的经历是沮丧，那这一拨朋友给我的感受就是喜忧参半，还有点啼笑皆非。一个小伙伴爽快地说我有十万元，你尽管拿去，不着急还！我听了之后差点流下泪来，不过他补上一句，这是我的私房钱，别告诉我媳妇！我满口答应。还有一位朋友，我自认为和她关系很不错，叫我始料未及的是，听说我要借点钱后，她犹豫良久说，要不我借给你一千块钱吧。说真的，那一刻我震惊了。我感觉自尊心受到了巨大的侮辱，要知道，就是我再贫寒交迫，一千块钱也用不着去借。我好不容易开一次口，而且说一个月就还你，你竟然要借给我一千块。说再多也没用，我果断挂了电话。最后的结果还算好，几个小伙伴要么背着媳妇，要么把压箱底的钱拿出来，帮我解了燃眉之急。

这件事情过了好久我还时常想起，它给了我内心迄今为止最大的震撼，促使我反思，教会我成长。我曾经在那段时间的微博上写了这么一段话："借钱是最考验两个人交情和一个人品行的时刻，在这一过程中，你收到的拒绝会促使你彻底地反省。这种失落比任何主动的检讨都更有力量。"有一段时间，我为此很焦虑，很消沉。我感觉我没有朋友，至少没我想象的靠谱。后来一段时间，我又开始自我减压，告诉自己没人搭理也没关系，"达则兼济天下，穷则独善其身"。

现在再来看我的心路历程，其实这两种想法都不对。

踏上社会之后，我们一下子遇到很多闻所未闻、见所未见的事情，在一段时间内我们都有点慌了手脚。就好像我这次借钱的经历。遇见挫折是难免的。我们可能会由焦虑慢慢变成一种怀疑，怀疑自己，对前途悲观，产生一种类似"人生的路，越走越窄"的感叹。

其实，随着学识的提升、阅历的丰富、经济条件的改善，人的路只会是越走越宽的，千万不可妄自菲薄。20岁以后，人的心智逐渐成熟，经济趋于独立，结果是慢慢自立，有了独立的思维和意识。就像刚刚离开父母庇护的幼儿，难免会跌跟头，但是随着对道路的熟悉，那种想去哪就去哪的自在感绝对会超越有人拉扶的感觉。要对自己十年寒窗的所学有自信，坚信今后也可以靠自己所学安身立命。也要对自己的未来充满憧憬，切不可因为一时的挫折就失去前行的信念。遇到挫折之后多思考自己的缺点和不足，并在今后的为人处世中加以克服。慢慢地一切都会走上正轨。

但是也有很多人走到了另一个极端，即妄自尊大。很多年轻人，尤其是家境较好的青年，踏上社会的时候锐气十足，不够圆滑。路上开车都要横冲直撞，待人接物不够礼貌、谨慎。这绝对不是他们自以为的“自信”，我认为叫作“自我”更合适一些。要知道，社会是人的集合，一个个体再强大也只是社会的一个组成部分，人生价值的实现有赖社会中其他成员的配合和肯定。不要说这个时候你所能依靠的东西大部分并不是你自己创造的，你根本没有资格狂妄，就算是你能力超群，取得了一点成绩，可世事变幻，未来的事都说不定，想来还是做一个负责任、有担当、受欢迎的社会成员才是努力的方向。

人是慢慢成长的，路也会越走越宽，这个时候有一个好的心态非常重要。它可以帮助你调节心情，使你轻装上阵。切勿自我泄气，感慨：“人生的路，越来越窄”，更不要存在逆反心理，用冷漠对待失落。

不是有这样一句话吗，“对生活报以微笑，生活会厚爱你很多”。

◆ 我有你们所没有的，因为我一无所有

“我要给你我的自由，还有我的追求，可是你却总是笑我，一无所有。”对于很多我这个年龄的人来说，这首《一无所有》曾经是我们青春叛逆岁月里最常在单放机、CD机里传出的旋律之一。崔健在我看来是中国摇滚乐的开创者，也是最具代表性的一位。

崔健还有一首歌广为流传，叫作《新长征路上的摇滚》。“听说过，没见过，两万五千里。有的说，没得做，怎知不容易。”好似从黑暗中穿行一下子来到阳光下面，眼睛被强烈的光线刺得睁不开一样，现在的我们，一下子被家庭、学校松开手，推到命运前台。面对纷繁复杂的世界，一下子不知所措，那些只是听过未曾见过、经历过的考验接踵而来，难免地，我们有一点点的惊慌。

“汗也流，泪也落，心中不服气。藏一藏，躲一躲，心说别着急。”我们的失落大抵是源于我们对自己的过高期望。实际上，这都是自己给自己的压力。我们所在意的人对我们成功的期盼，其实并没有那么急切。

20岁的我们，还没有家庭的牵绊。一方面，我们的父母对待社会的现实有比我们更加清醒的认识，他们有足够的耐心等待我们成功。其实对于他们来

说，“成功”远没有你的快乐更叫他们安心。好像每一个为人父母者都乐于与人分享孩子成长的喜悦，他们欣喜于你每一点滴的成长，每一点滴的进步。另一方面，我们还没有结婚、生子。我们还有足够自由的空间去施展自己。待到娇妻相伴、儿女啼哭，再想要有如今的逍遥和洒脱，可能就是奢望了。所以，珍惜这段独处的时光吧！

社会也没有给我们压力。大学毕业前，辅导员告诉我们不管我们有没有和用人单位签协议，也需要找一个接收单位。起初不明所以，后来才知道这关乎学校的毕业生就业率。对这个时候的我们，大家对你能拥有一份工作就足以满足，能够养活自己就是他们对你的期望。毕业后在家待业的孩子太多了，没有谁会因为这个看不起你，对你指指点点。邻居家有个二十出头的小伙子，跟我说待业那段时间，自己的感受用一个词来形容就是“如芒刺背”，总觉得有千万双眼睛在盯着自己。借用一个朋友的QQ签名来回答：“一个人成熟的标志之一，就是真正明白了自己身上发生的事情对别人来说根本就是无关紧要。”没有人太在意这个，千万不要有这方面的压力。

唯一可能对你有一点点压力的，只有你自己。那种急于证明自己、急于改变自己的心情我们都曾有过。好像是憋了十几年的一股气，必须有一个出口迸发出去，最好能闪出亮光，要是能带上几声巨响就更好了。不要那么着急，光脚的不怕穿鞋的，你现在什么牵绊也没有，展示自己的机会将来一大把。慢慢来。

慌什么？急什么呢？

秦末巨鹿之战，项羽率诸侯联军迎击秦将王离、章邯。项羽手下有什么，五万楚军，三天粮食，再有，一颗“勇敢的心”而已。对手呢？名将王离、章邯，手下精兵四十万，粮草充足。结果呢，项羽与楚军破釜沉舟，以大无畏的精神率军击破王离、迫降章邯，一举击溃秦军主力，秦朝暴政名存实亡。

给自己鼓鼓劲。你没有经验、没有人脉、也没有钱，可是你也少了俗世太多的负担。身后已经是滚滚江水，既然没有退路，就把所有的心思放到向前冲好了。你有他们所没有的太多东西，你有一颗“勇敢的心”，你有永不言弃的信念，你不怕失败、不怕挫折，百折不回、坚韧不拔。你所拥有的这些能帮助你打出一片新天地。“当你心中只有一个目标时，全世界的人都会为你让路。”

毛主席曾经对年轻人说：“世界是你们的，也是我们的，但是归根结底还是你们的。”在这个未必伟大却一定会被历史大书特书的时代，只要你有一双善于观察的眼睛，就会发现前所未有的机会。只要你有一双足够勤奋的双手，就会创造属于你独一无二的奇迹。

正是因为你一无所有，所以你拥有别人所没有的。未来在你手里面，请紧紧抓住它。

◆ 心有多不甘，就要有多努力

浏览网络、看微博的时候，常常看到有些朋友抱怨时运不济，宏图大志一直没有机会施展；或者感慨命运弄人，机会从来不青睐自己；再或者就是一山看着一山高，总是感觉自己比身边人差一大截子；自怨自艾，对前途和未来没了期望。在我看来，这样的感觉大概都可以归结为两个字："不甘"。

想想，有这样"不甘"的情绪也不一定是一件坏事，起码它的存在证明我们在思考、在判断，还在试图改变，变成一个更好的自己。

如何将这种"不甘"的情绪转化成正能量呢？

我们需要先来思考：这种"不甘"的感觉来自于哪里？这种"不甘"也许只是我们自己的判断。都说"人心不足蛇吞象"，很多人天性就是无餍，总是期望得到自己得不到的，秉持的就是"别人家的月亮更圆"的判断标准。也许呢，我们真的境遇比别人差一些。人生而有别，无论是先天的才智、出身、还是后天的成长环境，人与人之间本就不同，今天的境遇有一些差别也就不足为奇。

这种"不甘"和差异也许还有客观环境的原因。就好像我们这些来北京闯荡的青年，无论是成长的环境还是后天的眼界都可能比在北上广长大的孩子差一些，不承认这个事实就谈不上努力缩小差距，一味地否认改变不了事实。这种客观环境的差异千差万别，家庭的经济条件、后天的教育背景，等等，不一而足。另外，即使作为一个唯物主义者，我们也必须承认，人的成功有时候确实需要那么一点点的“运气”。

想明白了它来自何方，我们还要思考有了这种“不甘”，我们该怎么办？其实归纳起来无他，唯“平常心、勤勉励、不泄气、等时机”而已。

面对自己与他人境遇的差异，要有一颗平常心。天津的白芳礼老人出身贫寒，13岁起就给人打短工。从小没念过书，一直靠蹬三轮为生。退休后，已经七十多岁的老先生为了让贫困孩子们能安心上学，在十多年的时间里先后捐款35万元，资助了300多个大学生的学费与生活费。他为学生们送去的每一分钱，都是用自己的双腿一脚高一脚低那么踩出来的，是他每日不分早晚、栉风沐雨，用淌下的一滴滴汗水积攒出来的。说实话，每次提到他的故事包括此时此刻我都会心潮澎湃，忍不住热泪盈眶。我无法表达我的崇敬，只是感觉作为一个收入和境遇远远好于老先生的人，我做得太少，深觉有愧。说到这里，谁还能说自己出身不好，谁还能说没有被命运青睐？我们都没有资格说这些，人活着要活出自己的味道，活出自己的价值，这种味道和价值关键在于你自己。人必先自立而后人立之，人一生的高度是他自己树立起来的。再者，评价一个人成功与否并没有一个放之四海而皆准的标准，我们只要秉持一颗正直善良的心就好了。岂能万事如意，但求无愧我心。

不能用平常心这样一个借口去为自己的不努力开脱。不管我们的起点高低，我们都要努力向上，使自己不那么平庸。一个人变得优秀而耀眼，有时候不是单靠努力就能得来。但是一个人活得充实而有意义，绝对只需要你自己有一颗积极的心、一双勤劳的手就够了。理性地看待名与利，不去争虚名，只愿一颗真心去做有价值的事。有这样一句话说：“只要对自己诚实，我们都可以做别人心目中的英雄！”

每天下午下班，我都要赶在五点半晚高峰前挤上地铁五号线，我实在害怕被人流冲来冲去的感觉。我不奢求有一个座位，只需要一个能自在站着的位置就很满足了。如我一样的芸芸众生，想要的其实很简单。可是有时候生活还是露出不善解人意的一面，许许多多的压力接踵而来，就像每天地铁上吵架的声音此起彼伏。我们能做的只有改变自己，改变心情，把烦心的事抛开，多想些积极的事。再强大的内心也有脆弱的时候。我常常激励自己，不喜欢这份工作是吗？那努力上进吧，混到别人都眼红，然后潇洒地拍一拍衣袖，不带走一片云彩。不喜欢现在窘迫的生活是吗？那就敏锐地寻找机会，努力地去赚钱，创造属于自己的财富吧。

心情不好的时候，多激励一下自己就好了。心有不甘的时候，多憧憬一下收获的喜悦就好了。

我们已经想好了怎么办，别忘了再做一件事，这件事叫作“反思”。前事之鉴，后事之师。我们要反思自己的过往，如同勾践每天醒来都要尝尝苦胆一样反思一下自己的不足，未来需要改进的地方，查缺补漏。我们要让自己的人生是一个上楼梯的过程，哪怕中间有平台，但是一直在向上。千万不要变成弹钢琴，这边落下那边起，那边起来这边伏。每个人达到自己彼岸的路径都不一样，但是他们都需要经过一个叫“努力”的地方。机会青睐有准备的人，等我们变成一个强大的人，只要安心等待命运女神垂青就好了。

◆ 趁年轻，去成长

陶渊明有诗曰：“盛年不重来，一日难再晨。及时当勉励，岁月不待人。”他感慨时光易逝，勉励后来人珍惜年轻时的美好时光，不要待到垂垂老矣再去感伤，徒留悲伤。古代男子，年十八至二十，便要在宗庙中行加冠的礼数，称之为“弱冠之年”。二十出头的年纪，体格初壮，心智开始趋于成熟。好像跃跃欲试的幼狮，冲劲十足，没有顾虑。回想自己十年前，读书做题都是过目不忘，掀起衣衫，肌肉坚硬如铁一般。如今，才十来年的工夫，却时不时会有提笔忘词的时候，带着小女出门，不一会儿也是气喘吁吁。这是金子一般的年华，这是青春最宝贵的时光，我们要好好利用它。

趁年轻，去博学强记。一年之计在于春，一日之计在于晨，而一生最适合学习的阶段就是20多岁的时候了。再年轻一点，我想更多的是在“学”，“习”也就是实践的机会并不多；过了30岁，知识结构基本定型，更多的是把所学用于“习”，再难有充裕的时间去“学”。能够“学”“习”共进，就能更快地吸收、更好地转化，应该抓住这段难得的时光。学习，不一定只是书本知识的学习，学习应该是整个人生的完美和丰富。“书到用时方恨少”，这个阶段自己应该变成一块吸收知识的海绵，最大限度地去汲取营养，这样在今后的人生道路上才能有深厚的储备去面对各种挑战。

趁年轻，去结交三五知己。在没有牵涉太多利益的时候，如果能有三五好友分享心事是一件很幸福的事。很多人都会抱怨在成年之后很难交到知心的朋友。其实也不尽然，也许只是那个时候有了很多不愿说、不能说的秘密，你们的交情不足以叫你放下戒备而已。我是一个比较随和的人，但是我却不认为自己有很多朋友。我觉得朋友在于“信”而不在于“多”。所谓的“信”一个意思是可靠，无论什么时候我遇到了多大的难处，我需要朋友帮一把的时候他不会转身离开。另外一个意思是真诚。在一起的时候不必有太多伪装，交谈的话题是“情分”或者就是具体的“事情”，而不是虚伪的关怀和俗鄙的炫耀。有一说一，说事办事。我很庆幸自己有这样的三五好友，真是幸事。

趁年轻，去感受三山五岳。世界上最美好的景色在“外面”，世界上最动人的地方是“远方”。很多人一味地强调年轻的时候应该是奋斗的时节，只知道每天被“梦想”叫醒，然后忙碌终日。我很尊敬这样的人，但是我会留给自己一些时间去感知。眼界决定高度，眼睛只放在吃饭穿衣上，心胸也就是两室一厅那般大小。去看看外面的天空有多蓝，去领略外面的原野有多宽，用“外面”的世界装满你的心胸。心有多大，舞台就有多大。有了大的心胸，大的气魄，才有大的未来。

趁年轻，去爱上一个人。每个人都向往爱情，爱情使人改变，爱情也使人成长。在爱情里，我们学会观察对方、审视自己，我们学会借鉴别人的长处，学会改进自己的不足。在爱里，我们慢慢地体会什么是责任，慢慢地学会怎么才是爱一个人。爱是甜蜜的，虽然有时会有甜蜜的忧伤。也许等到十年以后，你会发现你无法再像20多岁的时候去毫无顾忌地爱上一个人。既然如此，那么趁着年轻，放纵去爱，放纵去感受吧！

因为年轻，我们看这个世界还不够清晰，也因为年轻，我们拥有足够多的时间去成长。趁着年轻，去好好感受这个世界。我愿用韩国电视剧《我叫金三顺》里的一段话来与大家共勉。

去爱吧，像不曾受过一次伤一样

跳舞吧，像没有人欣赏一样

唱歌吧，像没有任何人聆听一样

干活吧，像不需要钱一样

生活吧，像今天是末日一样

无论何时、何地，请始终保持对世界的敏感，请始终保持对理想的忠诚。

◆ 通过阅读拯救自我

中国人将“读万卷书，行万里路，交八方友”当成是成长的三大途径，位列“修身、齐家、治国、平天下”的“君子之道”的基本要目。古往今来，有所成就者莫不在阅读中贪婪地汲取营养。书籍可以使人头脑理性、观点客观、心胸宽广，远离狭隘偏执、自大自我、鼠目寸光。

书中自有千钟粟。高尔基说“书籍是人类进步的阶梯”，书籍是一种载体，它是古往今来人类社会智慧的总结。北宋开国丞相赵普，“人言所读仅只《论语》而已”，宋太宗闻听此言就半开玩笑地询问赵普。赵普答道：“臣平生所知，诚不出此。昔以其半辅太祖定天下，今欲以其半辅陛下致太平。”赵丞相对书籍的力量虽略有夸大之嫌，但是他好读书、以书治国却是不争的事实。或者我们可以这样说，宋初太平，国势逐渐由凋敝转向繁荣，也有赵丞相书匣中半部《论语》的功劳。

书中自有黄金屋。阅读给予人的满足感和成就感有时候会超乎想象。书籍为每一个人指点迷津。它能使你拨开迷雾，看清前行的方向，也能使你明辨是非，追随真理，更重要的是阅读能使你不被各种意见所左右，促使你坚定地走自己的路。英国著名历史学家麦考莱就曾经在一封信中这样写道：“如果给我一个机会，成为最伟大的国王，住在豪华的宫殿里，有成群的奴仆，锦衣玉食，生而无忧，但是有一个条件是不允许我阅读。那么，我绝不干。我宁愿自己做一个穷人，住在藏满书籍的书楼里，也不去做一个不能读书的国王。”看，书籍的魅力有多大。

书中自有颜如玉。我想这句话可以有这样几个方面的含义，一来，以文会友，能结交志趣相投的异性朋友，给自己的人生打开另一扇窗。二来，通过阅读，能够使人成长，思考你究竟想要怎样的生活，需要什么样的伴侣，能够使自己的思维更加清醒，使人在寻找爱人的道路上不走弯路。三来，共同的求知欲是感情的黏合剂。李清照十八岁嫁给赵明诚，婚后夫妇二人情投意合，歌词唱和，共同研究金石考据等爱好，通过诗书来沟通感情。时人称之为“夫妇擅朋友之胜”。在这一过程中，夫妻二人度过了人生中最美好的一段时光。

要多读书。人类文明延续到今天，成果浩如烟海，书籍更是不计其数。采撷一二，便是取之不尽用之不竭的财富。要多读书，“书不可读尽”，从中汲取的养分更是源源不绝。读书应该有计划性。培养一个好的读书习惯，很大程度上是在和自己的惰性作斗争。古人有云“书非借不能读也”说的就是这样一个道理。不给自己设上时间限制、不给自己一定的效率压力，读书就会先变成一件可长可短的事，再往后就会变成一件可有可无的事。人贵有恒，阅读要想见到真成效，需要有恒心，有计划。毛主席在逝世前一天还在坚持阅读，伟人如此，平常人自不可及，但是我们可以学习，培养自己终身阅读的好习惯。

要读好书。英国大哲学家弗朗西斯·培根有言：“读史使人明智，读诗使人灵透，数学使人精细，物理使人深沉，伦理使人庄重，逻辑修辞使人善辩。”唐太宗也曾说过“以史为鉴，可以知兴替”。世上万事纷繁复杂，各色书籍林林总总。尤其是当今出版业的现状下，各种书籍的质量良莠不齐。不要不加甄别，有书就读，那样的话怕是养分毒素一同吸收，有判断力的读者还好，能够批判着阅读，去伪存真。但是对很多甄别能力不强的读者，尤其是20多岁，人生观、价值观正在成型的青年人，就会毒害不浅，说不定还会带他们误入歧途。因此，读好书这一点就显得非常重要。什么是好书？我以为所谓的“好”，第一在于立意正。如果一本书的价值观念根本就是错的，那无论它包装再精美，情节再动人，对于我们阅读的初衷也是南辕北辙，不如弃之。第二在于思路广。很多书强制推销自己的观点方法，压迫式地要读者被动接受，动辄还要试图给读者“洗脑”，意图取代读者独立思维。这样的书，要敬而远之。第三在于给予读者启发。一本好书，绝对不是单单起到“展示”的作用，不单单是告诉你做什么、怎么做，还要给予你启发，让你明白“为什么”。人是可以学习、善于归纳总结的高级动物，通过“展示”开阔眼界的同时，也要通过了解“为什么”拓展思路，养成理性的思维。这才是阅读的真谛所在。

要会读书。很多人读书求速度，常常把几天可以读一本书挂在嘴边。读得快未必会读书。读书要因时而动，因势而动，善于将书籍中的知识和自己眼下的所见所闻相结合，用书籍的智慧为现实中的问题答疑解惑，更通过自己的思考，形成自己对当下问题科学的、全面的独立判断。不人云亦云，更不会不知所云。要善于吸收。读书最忌劳而无功，曾经看一本杂志说英国有个藏书家，一生藏书读书，过手的书有百万册，可是离世的时候却没有只言片语留世。这是不是一件很可悲的事？读书最要紧的事就是要学以致用，用以促学。只有使书籍中的知识发挥了指导实践的作用，才真正体现了阅读的价值。如果能有些许感悟，能够给予他人启示，更是人生的乐事。

总而言之，人应该多读书，会读书，读好书，久而久之，才知读书之好。

◆ 当你忙着学习的时候还有什么空去忧伤迷茫

我家里表弟表妹有好几个。曾经有一段时间，我有事没事就去看看他们几个的QQ状态。因为他们有的要大学毕业，有的找女朋友被人甩，有的玩游戏水平差总是被踢，所以那段时间他们都很悲伤，动不动就要仰望四十五角的天空，眼泪不由自主地流下来，或者感到前途渺茫，不知道明天在哪里。起先我总是手贱地关心一下他们，但是我发现我越是劝慰，他们就越来劲，变本加厉地折磨我脆弱的内心。当面说是是是好好好，回头就又给我整一个心情和天空是一样一样的，时阴时晴啥的，顺便带一串句号凑起来的省略号。我算是想明白了，他们不是在因某事而悲伤，是为悲伤而悲伤。说得直白一点，就是吃饱了撑的。

我上大二、大三那一会儿，有一次失恋了。我感觉特别悲伤，在学校里没精打采，出门玩耍总是扫别人兴。那会儿我觉得自己是世界上最可怜的人。所以，习不学了，友不交了，球不踢了，各类电子产品也不研究了，我睡醒了就悲伤，吃饱了就悲伤，我觉得悲伤是我的必修课，不去山坡上且听风吟，不去湖边思考人生我都不好意思说我在悲伤。

可是，这才过去多久的工夫，我就想不起我为什么那么悲伤了。曾经以为永远的姑娘早就飘落天涯，曾以为永别的结局最后却还时常问候，我什么也没失去，还多了一个可信赖的靠谱朋友。那个时候悲伤什么呢？我摸摸脑袋，想不太清楚。打着悲伤的旗号多喝了不少酒，打着散心的旗号多去了几个地方玩耍而已。

每个年龄段有每个年龄段关心的事情，在那个阶段，遇到一点不顺心的事情就觉得日子过不下去了。其实，事情绝没有你想象的那么严重。

那段时间我整天没事可干就是陪几个好朋友唠嗑。他们打着开导我的旗号见识了我最狗屎的一段时光，也造就了我和他们经久不破的友谊。在这里，我得大声说一句，我骄傲，我曾悲伤过。

后来，他们其中一个人悄悄告诉我，当下兴起了一个新玩意叫“博客”，英文叫作blog，他叫我去写写，说不定就会被人发掘了。我半信半疑地去开通了一个。我发现我对一个新事物的热情甚是惊人，甚至会超乎我自己的想象。一天、两天、三天过去了，我开始全身心地投入到研究这个新玩意的事业中。不光开始写，还开始研究点简单的页面代码。虽然是照着葫芦画瓢，但是我感觉到无穷的乐趣。我明显地感觉到，我的“悲伤”痛感减轻了。再后来加上一些别的事，我发现我又神气活现了。

平心而论，那段时间我真的学到了不少东西，不但搞通了“博客”这个新玩意，还苦钻了摄影原理和技术，拿到了国家高级摄影师的证书，参加了几个汉语水平的考试，在小报小刊发了几篇小文。大学毕业的时候一合计，这段时间竟然是四年里最有收获的一段时间。

悲伤这事有时候还真能转化成奋进的动力，不知不觉地叫你很有成就感。

其实吧，我们理性地分析，原因是这样的。一者呢，学习可以转移注意力。学习这个能力可不是说说就可以的，它需要集中你全部的注意力，反正我这个人要打算学点什么的时候，那一定是精神专注的。在报社作小记者的那段日子，我整天处于严重的焦虑之中，每天下班之后躲在小屋里辗转反侧，心里总是乱糟糟的，竟然有了失眠的症状。想来想去我们那小地方也没更好的路可走，我想不如我去参加个公务员考试。虽然说没太准备，可我怎么也得象征性地做做真题，熟悉一下题型。我开始买了几本书做题，每次刚坐下就开始困了，失眠症不治自愈了。再者呢，学习可以丰富人生之路。人家不都说“手里有粮、心里不慌”吗，真是这么个道理。毕业前那段日子，我发现手里有几个证件真的好用，就拼命考了几个证。别的不说，摄影这门手艺算是学到手了，拿着那个红本本，这几年我走到哪里都被高看一眼。虽然我还是对那种端着价值十来万元的家伙什一个劲在AUTO模式狂按的摄影爱好者很是不忿，但是我也确实有了对他们不忿的底气。我得感谢那段无所事事的日子给了我足够的时间学会这门技能，使我受用终生。

我们都有一个倾向，就是悲伤的时候喜欢听悲伤的歌、看悲伤的故事。不妨试试换一种方法。以我的亲身经历现身说法，我建议不妨在萎靡不振的时候拿起书本或者打开网页学点东西。减缓了自己消沉的情绪，还能趁机学习点知识丰富自己。也许你真的沉浸到学习这个事情本身的时候，那种负面的情绪就会减淡，当你所学有一点成绩的时候，你发现你的那些悲伤竟然都不见了！

这就是学习的妙处。

◆ 宁要一个完成，不要千万个开始

我上高中的时候，在我们的N线小城，健身房还是稀罕玩意儿。我就只听过，没去过。上大学之后的一天，一个在某健身房勤工助学的哥们儿邀请我去他那玩耍，我略带忐忑而又兴高采烈地去了。不好意思东张西望生怕被人觉察出是只“土鳖”，就想从最靠近身边的跑步机开始尝试。以前只在电视购物广告上看到的大家伙就摆在眼前，我压抑住内心强烈的激动，迈着稳健的步伐，踏了上去……嗯？！怎么回事？怎么保持不住平衡？啊！……还没考虑清楚，“啪”……我磕倒在跑步机上，远处近处的服务小姐马上跑了过来，嘘寒问暖，那一刻，我体会了什么是“糗”，我为自己感到悲伤……

这次难忘的经历深深地烙在了我的心中，打那以后我立志，等有钱了一定要去最好的健身俱乐部办一张最贵的健身卡。

说半天还没说到点子上。后来在北京久了，遍地都是健身房，竟然忘了这个事。直到某天，和妻逛街，看到有人推销健身卡，就在家门口而且还便宜，联想起当年心灵受到的创伤，就给自己和妻每人办了一张，而且没讲价，乐得推销的妹子一口一个“哥”叫着。我心情也很是舒畅。

起先我们俩意气风发、兴高采烈，去体育用品商店购置了全套的健身装备，约定好每周去两次。

第一天下来，我浑身酸疼，第二天开车挂挡手都抖。我跟妻说下周再去，她使劲点点头。第二周我们都很有默契地再也没提这一茬。一晃，半年过去了，我俩一共去了三回。

这就是我们健身的故事，类似的事情还有很多。对待感情，人家都说有“七年之痒”，爱情或者婚姻在长时间的稳定之后就容易出问题。有时候很难说是谁的问题，更不必归咎于男人或者女人的天性如何。我觉得更大的一种可能是人类对新鲜感的渴求。一种生物历经千万年进化到现在，如果没有保有一份对未知事物的好奇，或许早已灭绝。我们开始一个新的计划，从事一份新工作，经历一份新感情，起先的一段时间心情都是无比喜悦的，我们每个人都深有体会。可是，当起先的新鲜感过后，就会有长时间的倦怠。大部分人挺不过这个阶段，很多的计划都不了了之。

我曾经试着梳理很多成功者的生活轨迹，我发现那些所谓的成功人士，几乎都是极有韧性的人，能够百折不回，也就是人们说的执着。我有很多的公务员朋友，起先他们都在一个起点上。可是这几年，有的已经是部门骨干，有的仍然在混吃等死。这里面固然有不同的生存哲学在起作用，但是你进行归纳总结，就会发现那些前途无量的同学大多有一股子韧性。他们不怕重复、不怕麻烦、也很少抱怨，更重要的是不怕挨训，挨了训也能长记性。我想这就是他们的高人之处。

可是，喜欢新鲜、缺乏韧性是人的共有弱点，我们有没有办法去克服一下？

我想应该是有的。我和妻后来不去健身了，我们决定每天饭后去小区边的森林公园散步。为了监督彼此，我们想出了一个好办法。我们在小区的QQ群里找到了有同样打算的两对夫妻。于是，我们几个人成了一个团队，每天一起锻炼。其实，这也是一种督促。这就是秘诀之一：把你的计划展示给别人，或者找同行者。如果你的计划只属于你一个人，你完成与否也就无人在意。可是如果大家都知道了你的计划，当你倦怠的时候大概心里还有一种心虚的感觉。

还有一个好方法，就是分段计时。共产主义的理想还有远期近期的分别，我们的计划自然也可以区分成好几段，建立分段的目标可以激励自己，不必因为大目标遥遥无期而泄气。很多胖人给自己设立了一年多少斤的减肥目标，大部分实现不了，在我看来，还不如每半月减一斤的目标现实。

这个世界其实很厚道，人的一生，本来就不需要那么多的开始。对大多数人来说，你的一辈子只要完成一件事就足够好了。我做记者的时候，曾经采访过这样一个老人，他家境贫寒，很小的时候父母就相继离世。父亲去世前交给他一个小账本，上面写着自己家里欠下乡亲四邻的债。父亲嘱咐他一定要慢慢还清。老人没有上过学，只能靠收废品为生。几十年间，他靠收废品养育了三个儿子，送他们上学，给他们盖房子，娶妻成家。老人省吃俭用一辈子，2009年才把账本上最后一笔钱连本付息地还上。我们去参访他的时候，问他这一辈子就为了还债活着值不值，他说的话叫我们每一个在场的人深思。

他说：“一辈子只要做好一件事，这辈子就没白过。”

第3章

10年后，你会是什么样子

◆ 你到底想要怎样的生活

以前有个朋友，小我几岁，我工作几年后他还在读书。我们因一同参加小区组织的足球赛而认识，然后慢慢从陌生到熟悉。他踢前腰位置，体力惊人地好，每次踢比赛满场飞奔还能不时传出绝妙好球。我特别喜欢和聪明的人为伍，非常享受他过人无数晃过门将然后把球喂到我脚下让我轻松推射空门的感觉。一来二去我们变成了好朋友。

因为住在一个小区，他又常常回家住，所以我们见面的机会很多，我常常邀请他到家里陪我玩实况足球，我也常去他家聊天。一年后，小伙子大四面临毕业，他的同学们都外出实习去了，小伙子没人陪玩，索性把东西通通搬回了家，基本生活的全部内容就是睡觉、上网、踢足球。我印象里他玩了好一段时间，眼看就要毕业典礼了，还没有找工作的打算。有一次，我问他工作定了没，他说没。我安慰他现在找个工作不容易，耐心点，慢慢找。他说还没打算去找呢，他不知道自己想干什么。这个答案很是叫我惊讶，回家后我和我妈说了这事。我妈说他家是三代单传，从小全家特宝贝地宠着他，据说他脾气不太好，再就是常常通宵不关灯，应该是在上网。

后来，我因为工作关系到了北京，和他就少了联系。今年过年回家再见到他，几乎要不认识他了。原先清瘦俊俏的小伙子现在的感觉像日本的相扑运动员，没敢问他现在做什么。回家后，我妈告诉我他还在家呢，没找工作，也没女朋友，能想起他的时候就是起夜看见他家还亮着灯的时候。

我不理解他的想法，要是换作我，有他那么优越的家庭条件和那么关爱自己的家人，即使不能出人头地，这几年下来怎么也得混个有头有脸吧！我觉得他大概是因为生活太安逸，不知道自己想要的是什么。

人要抽出一点时间来思考自己想要的是什么。很多20多岁的年轻人，要么就是闷头做工作，晚上回家急急忙忙睡觉，早晨醒来急急火火上班，不去想自己的理想，也不去考虑自己的目标，只是在“奔”的路上；要么就是始终离不开父母的怀抱、学校的温暖，和我的小兄弟一样不知道明天在哪里，不知道未来会怎么样，当一天和尚撞一天钟，得过且过。人活着要有一点奔头，而不是只是在奔忙。有了奔头，才能把自己的生活变得精彩和有意义。

人要沉淀生活的经验来回答怎样才能得到想要的生活。进入社会一段时间之后，每个人都逐渐积累了一点财富、一点人脉、一点经验，这些所得都可以用一个词来概括，就是“阅历”。阅历可以说是急不得的东西，就好比我写这本书，虽然十年来我的文笔不见提高甚至还有退化的趋势，但是十年前我是绝对写不出这十几万大部头的，即使有心也定然无力。因为心里没话，也因为没有沉淀。毕业后尤其是这几年我在有点感悟的时候会有心地记下来，这成了我写作这本书的重要积累。所以不要光忙碌，还要留出一点思考的时间，沉淀成长过程中的收获，在生活中收获阅历，用阅历指导今后的生活，使自己活得不盲目，有方向。

确定好了目标应该百折不回地去执行。都是20多岁过来的人，我们都了解初出茅庐时候的踌躇满志，可是为什么几年后我们彼此间有了很大的分别呢？我觉得一个关键的原因就是“执行力”。有的同学为了立志而立志，浅尝辄止，坚持不了几天就忘记了当初的誓言。而有的同学不论遇到了多大的挑战，都能够百折不回，一门心思朝着自己规划好的方向前进。执行力大有分别，今后的成就也就高下立判。

执行的过程中要注意修正自己的行为，不断给自己加油鼓劲。考过驾照的人都知道，上坡起步是一门必考科目。做好上坡起步的一个技术关键就是把握好时间点，在离合刚刚闭合的瞬间能够踩油门。生活中也是这样，及时反省自己的作为、反思自己的收获，在懈怠、松气、动力不足的时候多给自己鼓鼓劲，赶跑困难，做到不屈不挠、百折不回，这才是成长的应有之义，也是不断成功的必由之路。

眼光放长远，向更高的目标迈进。刚刚踏入社会，能够顺风顺水可能是有些奢侈的愿望。每个初出茅庐的“菜鸟”，都是伴随着挫折、沮丧、失败和灰心成长起来的。不要太计较一时的得与失，有时候舍得吃亏是一种大智慧。只要善于总结，不断改变，慢慢地你会发现，失落的机会越来越少，成功的喜悦越来越多。

谁也不是生来就能战无不胜、攻无不克，大多数的成功者只是更知道想要什么且勇于追求所想。也许你和他们的差别只是多想想自己想要什么而已。

◆ 你一无所有，所以也无所负累

当年我只身一人到北京闯荡的时候，除了身后一个硕大的背包，两手空空。我还记得从北京南站走下列车的时候，看着汹涌人潮时候的孤单感。好不容易找到一个住处先住下，打扫一天卫生，累得胳膊都抬不起来。深夜无眠的时候，起身看看窗外仍然人声鼎沸的北京，我开始想家。大学之后这几年，我早就习惯了在外一个人的生活，可是那一刻我还是想家了。

开始上班以后，偌大的办公楼里总是静悄悄的。大家都在自己的位置上，办公室里只有“哒哒哒”的键盘声，很少有人说话。下班的时间一到，彼此之间打一个招呼就四散在忙碌的街道上。大多数的时候，我没有心情开伙，也嫌麻烦，草草吃几口之后就开始迎接汹涌的孤独。

周而复始地过了一段时间，我对前途渐渐不那么乐观，虽然我比起很多真正的“北漂”境遇要好很多。起码工作无虞，加之从前多少有些积蓄，所以勉强可算衣食无忧。但是每个人都有自己的志向和理想。我到北京不是为了给人打工，不是为了月末拿那几千块的工资就兴高采烈。我抛弃一切来这里，起码要证明我能比过去过得好。

我没有背景，能依靠的只有我自己。我没有金钱，不到一年，积蓄就所剩无几。那个时候连个女朋友都没有。那段特别迷惘的日子叫我终生难忘。

后来慢慢开导自己，也逐渐想明白了。有形的东西我确实不多，但我有的是时间，有的是力量，还有一颗永不服输的心！

一无所有，可失去的东西就少。我开导自己，不如放手去自己期望的领域搏一搏，成了也就成了，输了大不了卷起铺盖回家去呢，也没有什么好损失的。物质上有损失吗？本来也没多少钱，吃了、喝了、玩了一样是没了，努力拼一把说不定还能赢。精神上有损失吗？无所谓，只要记得笑对结果就行。赢了哈哈笑，输了偷偷哭然后接着哈哈笑。就是这样，20多岁，看似身无分文、两袖空空，其实恰是抗风险能力最高的阶段。就像“空手套白狼”，抓住了则盆满钵满，抓不到我就图个乐呵。想到这里，我就豁然开朗。于是我试着去施展自己在某些领域的特长。经过一段时间，我发现效果还不错。尤其是这几年，慢慢地发现从前的一些设想变成了现实。换到几年以前，怎能想到自己还有机会坐到电脑前，“人生导师”一样指点江山、激扬文字呢？对此，有些意外又意料之中，我感到欣慰。

珍惜“一个人吃饱，全家不饿”的奋斗时光。就好像写这本书的这段日子，我基本上都是在和闺女的“斗争”中挤出时间来写作。到了30岁，我才真正明白了鲁迅先生的那句话“时间就像海绵里的水，只要愿挤，总还是有的”。从毕业到成家的这段日子，你确实很孤单，但是你也一定很自由。你确实很迷惘，但是你也一定在积蓄力量。等到成家、生子之后，哪有那么多自由的时光挥霍啊，单单是日日柴米油盐的琐碎就够你受的，要是再有一个爱哭爱闹爱缠你的娃娃，你就“擎好”吧。女儿出生后的那段日子，我从没有能连续睡三个小时的时候。做父亲的喜悦包围着我，但是总是睡不醒的状态也叫我崩溃，想做点什么就更难了。20多岁的小伙伴们，你们要珍惜这段“无忧无虑”的时光啊，别“失去了才觉得宝贵”。

以前看新闻看到很多富豪这个抑郁那个抑郁的就很不理解。都有那么多钱了愁啥啊！都那么成功了有啥担心的啊！这几年各方面开始稳定一些了，虽然我还是很穷，但是我却不那么羡慕那些有钱人了。妻以前在银行干过，她说那些有钱人账面有多少财富银行就有多少贷款。吃饭穿衣走到哪里都有人盯着，怕他们跑了单。对于他们这些人来说，社会对他们的期望同时也是巨大的压力。毕竟这是一个弱肉强食的世界，一旦失败，很可能就会前功尽弃，一无所有。原本就一无所有的人再输也就输个裤衩，可要是原先高高在上的“成功者”输了，可能连灵魂也输上了。那是多么可怕。

所以，看起来你一无所有，其实你有的东西很多呢！

◆ 比“好爸爸”更靠得住的是“好自己”

有一段时间，网络上很流行一句话叫作“学好数理化，不如有个好爸爸”。那个时候正是某军旅歌唱家的儿子闯祸的时候，网上的相关舆论铺天盖地，猜度的有之，愤怒的有之，冷眼的有之，不一而足。类似的事情还有一些。闯祸的小伙伴们的爸爸都很牛叉，有的是“少将”，有的是大款，这样就可以保住自己的儿子吗？还不是判刑的判刑，赔钱的赔钱。

再好的爸爸也不如有一个强大的自我好使。不管你有没有一个“好爸爸”，更能靠得住的还得算是一个“好自己”。

与有一个“好爸爸”就使劲“作”的孩子相比，我更看不起甚至是鄙视的一类人是嫌弃父母“没本事”、总是抱怨生活对自己不公的人。在我看来，抱有这类想法的人大抵都是个失败者。生活不如意的时候不多去思考自己的不足，不多去想办法解决当前的困境，而是抱怨竭尽全部去生养你的父母，真的愧为人子。

人是情感动物，我们从呱呱坠地、睁开眼看这个世界，就对父母有一种天生的依赖。辛勤的父母日出而作、日落而息，我们的一衣一食都凝聚着父母的辛劳与汗水。不是所有父母都足够富裕，都充满才华，但是他们都是一样地爱我们。为了我们，他们愿意奉献自己所能给予的一切，他们用并不强壮的臂膀为我们撑起一方没有风雨的天空。这就是天底下最可亲可敬的父母啊。但是，他们的爱足够伟大，却不能永恒，我们的父母早晚有一天会离我们而去，连同他们对我们无微不至的关怀。唯有强大的内心和智慧的头脑才能伴随我们一生。有好爸爸尚且如此，没有好爸爸更要加倍勤勉，靠自己的双手给自己打开一片天。

再强悍的爸爸，也不是超人。小时候，我们觉得爸爸是世界上最厉害的人，他有着超人般的能量，能做那个年纪的我们想都想不到的事情。随着年龄慢慢增长，我们才发现高大的父亲也只是一个有着喜怒哀乐的普通人，也有做不到的地方。很多所谓的“好爸爸”同样如此，再好的爸爸也许也只是某一个方面的“好”爸爸，他们或者腰缠万贯，或者身居高位，或者就是学富五车、博闻强记。但是超人并不存在，能够万能地解决你遇到的问题的爸爸更没有。他可以给你财富，可以教给你知识，等等，但是他无法在方方面面给予你呵护和指导，最多只能在某一个方面给予你支持。所以，“好爸爸”和一个智慧的头脑来比起来，还是后者更靠得住。如果很不巧，你的爸爸只是一个平凡甚至有一点平庸的普通人，甚至连在一个方面给予你支持都力不从心，你就更没有理由不去奋斗。生活的价值在于奋斗，奋斗才能精彩你的人生。

有的爸爸有很多钱，可以满足你所有的物质愿望。有的爸爸有很多很多学问，可以帮你解答各种各样的问题。还有的爸爸人脉丰富、门路极广，能在你遇到困难的时候搭手帮忙……这些“好爸爸”神通广大，可以帮助我们解决遇到的难题。可是这些爸爸也是人，也要遇到诸如吃喝拉撒睡等琐碎问题。你在郊外迷路了，说不清所以然，分不清东南西北，电话都找不到信号，你要求助于你的厉害的老爸老妈，行得通吗？反过来，假如你自己就是一个野外生存的高手：分不清东南西北？没问题，我们可以靠太阳和手表指针的角度辨别方位，夜晚可以看星座方位找到正确的路，还用得着求人吗？饥渴难耐，病饿交加？没关系，你懂得从身边的动植物身上取得能量，学会了各种各样的野外求生技巧，还用得着祈求上帝的垂青吗？都不用，你就是你自己的上帝。

人的出身是不能选择的，但是命运是掌握在自己手中的。出身环境好就感恩生命，环境差一些也不必气馁。越低的起点越是映照出成功的可贵。要善于借力使力，更要学会自己发力。本事学到自己身上才是真本事，就好像画饼充饥不管饱，吃到嘴里才算数一个道理。

最后，把汪国真先生的一段诗送给大家：

我不去想是否能够成功，

既然选择了远方，

便只顾风雨兼程。

◆ 建立适合自己的生活方式

文艺复兴对人类社会的贡献绝对不仅仅是文艺方面的。“人的发现”与“世界的发现”是文艺复兴运动的两个伟大主题。它颠覆了人类的世界观和自我认知，发现了另一半的世界，重新定义了“人”的含义。我们成长的过程，其实也是一个重新认识世界和自我的过程。

小的时候，大人们总是喜欢问我们喜欢爸爸还是喜欢妈妈。其实那个时候的我们对爱恨亲疏并没有太多的概念，我们的选择依据也许仅仅是与谁更“熟悉”而已。做一个未必恰当的比喻，青春期就好比一个人的“文艺复兴”时期，在这个特殊的阶段，我们开始发现一个新的世界，人生观、价值观重新塑造，重新认识自己，为今后的人生打下独特的烙印。

我们要在这个过程中正确地认识自己。每个人都是这个世界独一无二的存在。我们生活在独一无二的家庭，有独一无二的父母，受着独一无二的教育，走着独一无二的成长之路，所以我们会成就一个独一无二的自己。这里有一个误区，很多人喜欢把自己跟别人做比较，如果略微超出就沾沾自喜、喜不自胜。如果感觉略微差一些就闷闷不乐、郁郁寡欢。其实，这种比较真是毫无意义啊！我们在寻找自己的人生之路、建立自己的生活方式的路上，正确地认识自己才是最最重要的。这种认识，需要的是一种冷眼旁观般的超脱，慧眼识珠般的精确，把自己的性格、秉性、处事方式完全摸透，既能自信于自己的长处，又能清醒地认识到自己的不足。听《新闻联播》的时候，我们总是对一句“适合中国国情的发展道路”耳熟能详，中国人最了解中国的情况，同样的，自己最能摸清楚自己的情况，掌握了这些，才能选择适合自己的路。

要在了解自己的基础上有针对性地建立自己的生活方式。这种“生活方式”包括很多方面。比如你的朋友圈子，你很难想象一个喜欢足球的人和一群篮球迷坐在一起侃大山的情景。这一点我深有体会。虽然我个儿很高，可从小我只会踢足球，篮球的基本规则我都懵懵懂懂，一群篮球迷在一起侃NBA、CBA的时候，我只好杵在那里，好尴尬。人都喜欢找到能够接纳自己、自己也能融入其中的“组织”，这能叫人感到温暖。再比如，找到和自己志趣相投的同志。就算仅仅是相约一起远游的驴友，我也喜欢找一个志趣相投的人。更别说是合伙创业、合伙科研、一起奋斗、终身为友了。

在寻找适合自己的人生道路和生活方式的路上布满荆棘，很少有人能够一往无前，没有磕绊。我有两个小小的体会愿与大家分享。

第一就是选择道路和生活要符合社会和亲友对自己的期待，也要结合自己的实际情况。连上大学选专业，我也是转了好几次方向。起先学金融，后来学传播，再后来当了记者，再再后来开始做人力，顺带讲讲课、写写作。说起来，身边人起先最希望我能做一个衣着光鲜、收入稳定的金融从业者，次之才是靠笔吃饭。我试图照顾大家的感受，后来才发现这不可行，于是一次次转向。阴差阳错，和我一起长大的某小伙伴却在我爹妈的帮助下进了银行，搞起了信贷。如今的我，兜兜里没有钞票却有女儿的巧克力。有时候我面朝大海，看着太阳在海面的余晖能静坐好几个小时，我感觉我灵魂很自由。穷就穷点吧，图个乐呵。

还有一点就是要把利己和利他结合起来。实话实说，我很钦佩却不甚喜欢那种完全奉献、完全无我的人。中国社会的传统就是喜欢“追授”，喜欢“怀念”，喜欢“失去了才知道宝贵”。但是，一个人如果心里都没有妻子孩子，都没有爸爸妈妈，却完全把爱给陌生人，难道我不可以理解成他有所图吗？他一定是自私的。我不喜欢，更不会那么去做。我们首先要不带给社会负担，不对家人负疚，不为自己遗憾才能再去谈对社会的贡献、对他人的关爱。我更羡慕那些事业未必特别圆满但家庭美满的人。

当初找女朋友的时候，哥哥嫂嫂嘱咐我，婚姻就像穿鞋，外人在乎的是好不好看，可是穿上之后是不是合脚只有自己知道。这句话我记忆深刻，想来把它套用到选择人生之路上也一样适用。

◆ 你需要心智成熟，别再像一个孩子了

进入青春期之后，人的身体会就会突飞猛进地发育。十几岁那会，有两年我每年都长十厘米，买衣服的速度都赶不上长高的速度。身体的长高是看得见的，可是心智的成熟却是缓慢的，它远远滞后于身体的发育。我记得好像是大学毕业那年我才一下子像睡醒了一样开始想明白很多事。虽然大学阶段欠账很多，但是奋起追赶的效果还不错。也许这是一个量变积累到质变的过程吧。

长大，先要摒弃“婴儿思维”。自从当了妈妈，妻变成了理论家，时不时会分享一些育儿心经。她说中国的宝爸宝妈们总是被宝宝的哭闹吸引，一哭一闹就要过去哄，百依百顺。应该学习西方的父母，越哭闹越不理你，让宝宝潜意识里知道哭闹没用，要想办法解决问题。我觉得她这句话讲得特对。言归正传，我们有些20出头的小伙和姑娘们还是和两三岁的小孩一样，心里特撑不住事，动不动就悲伤了，一难过就回家去，要不就是使劲作弄自己，以为这样就会好受，就会有人来宽慰你。殊不知，你毕竟不是两三岁的孩子了。大多数这样做的时候，别人只会冷眼旁观，更有甚者还会兴高采烈呢。成年人要有成年人的胸襟，成年人要有成年人的度量。别像个婴儿一样，要哭要闹要奶吃。

不要再情绪化。有的同学QQ签名每天换三遍，不外乎就是吃了包子感觉

美了，男友迟到很不爽了，睡觉失眠特迷惘了，等等。从来没见写成绩垫底发奋追赶之类有点意思的话。没滋没味，一阵哭一阵笑的，我把这种情绪化叫作“闲得难受”。虽说20来岁还可以再啃老一段时间，可是也不小了。马克·扎克伯格23岁时候已经是亿万富翁了，史蒂夫·乔布斯21岁已经成立苹果公司了。别再由着自己的性子或哭或笑了，干点有意义的事吧。

有一次我被一个搞培训班的朋友拉去撑场，叫我给一些比我小不了几岁的同学讲求职面试技巧和职场经验。去之前他跟我说都是毛头小伙和青春少女，叫我放轻松。到了教室一看，少说有个百八十人，更要紧的是竟然大部分都是家长陪着来的。虽然这些和我爸妈同辈的叔叔阿姨一样用渴望的眼神盯着我，但我还是有些慌张。好不容易硬着头皮讲了一番面试技巧，我才渐渐放松下来。讲着讲着我忽然话锋一转，我说如果作为一个公司的招聘主管，你是否信任一个由父母陪同来面试的求职者？整个教室鸦雀无声。事实上，答案显而易见。走向成熟的第一步，就是自己不要再把自己当作一个小孩子。别再指望扔下衣服就有不知疲倦的妈妈给你洗好，别再下班回家两腿一伸就等着吃饭，上床需要爹妈帮关灯、出门需要爹妈帮助收拾行囊。你抱怨别人不把你当大人的时候，你把自己当大人了吗？

心智不成熟还有一个表现就在于短视。我大学期间有一个室友，千辛万苦才考进大学，要毕业了大二的学费还没交齐。但是他从来不亏待自己，衣食住行绝对都是主流标准。这就有一个矛盾，去哪里弄钱呢？哥们儿有点子，找了些假资料办了张信用卡。到手以后，穿的用的玩的换成一水的新货，看得我眼里冒火。花光之后赶在下月还款之前又去开了一张别家的卡，继续疯狂了一阵。好景不长，信用记录有了污点。当时哥们并不在乎。只是前几年听另一个舍友讲，小伙子最近很压抑，因为要买房的时候没有一家银行肯给他放贷，欠款加罚金都还清了还是不行。你看，这就是短视的结果。初学开车的人，眼神总是盯着眼前面，车一定会走偏，可要是盯着远处，车辆肯定走得笔直。这和做人有共通的地方，别再做那些一时爽的糊涂事。不是有句话说“出来混，迟早都是要还的”吗！

看看从小和我一起长大的小伙伴，那个立志要当飞行员的后来当了卡车司机，好歹都是驾驶员。那个立志当科学家的进了钢铁厂，现实和理想就有点远了。初出茅庐规划自己人生的时候，每个人都有好多想法。可是毕业十年后，有的人超额完成“理想”，有的人却不敢再提曾经立下的志向。变成一个心智成熟的成年人，就要牢记自己的理想，从言而有信、踏实践诺开始。不要叫人看轻你的诺言，进而看轻你这个人。

有人畏惧长大，但是年少不是一场永远不醒的迷梦。既然无法阻挡，就大大方方向懵懂的少年时代道一声再见。然后，张开双臂，投入到成年后的大好光阴里去吧，你怎么知道那里的风景不是更加美丽的呢！

◆ 如何锻炼自己的独立思考能力

对美国文化有一点了解的人一定听说过美国的“陪审团制度”。陪审团制度是指由特定人数的有选举权的公民参与决定嫌犯是否起诉、是否有罪的制度，通俗一点地讲就是把随机抽签选出的符合资格的公民集中到一起组成陪审团，案件审理期间不得和外界联系，陪审员们根据自己获得的信息对案件事实进行独立判断，再由法官进行量刑（俗称“外行定罪、内行量刑”）的制度。陪审团制度为英美等国所独有，曾被西方某些法学专家誉为“自由的明灯，宪法的车轮”。由陪审团参与审理的一个著名案件是美国橄榄球明星辛普森的杀妻案。本来证据确凿的案件由于警方在取证过程中的失误导致证据不被陪审团采纳，最后陪审团裁定辛普森无罪。

在我看来，做一个陪审员最要紧的是对事件有自己独立的思考，不被外界不必要的信息和他人（或舆论）的意见所左右。这也是审判期间一般要把陪审员们与外界隔离的原因。拿出这件事来讲述，就是为了给大家一个思考的机会，如何才能像一个陪审员一样对事情有独立的判断。

首先不要人云亦云。中国有句老话，“事不目见耳闻而臆断其有无，可乎？”先贤言犹在耳，我辈就置若罔闻。上班的时候，每到中午吃饭的点，总有三三两两的同事叽叽喳喳，东家长西家短，我从来不凑合。他们家你去过吗，人家和你熟吗，人家的事你说得跟真事儿似的。一个人失去灵魂的第一步就是先失去自己的脚、自己的眼睛、自己的耳朵，用别人告诉你的所谓“事实”代替自己的目见耳闻。我们学习新闻类专业的人都知道，第一手的信息是多么的重要。很多时候第一手信息距离事实真相还差很远，更别提那些七拐八拐才得来的信息了。小时候我们都玩过“传话”的游戏，一个信息传一圈之后和最初的意思相去甚远，不就是明证吗！

不偏听偏信。任何一个学过哲学的人都知道看待问题要秉持两分法。既要看到矛盾的这一面，又要积极审视矛盾的另一面，哪怕另一面的观点与你完全相悖。中国传统哲学里面也有类似的朴素理论，比如“知己知彼、百战不殆”等等。我们处在一个飞速变革的时代里，每个人所处的立场也千奇百怪。对社会愤愤者有之，围观起哄者有之，有多少种利益诉求就有多少种言论。再中立的人，在转述一件事的时候也会不自觉地加入自己的情感，在这个情感的基础上转述就对事实本身就有了自己的取舍。要全面科学地判断事实真相，全面地了解信息就显得异常重要。最忌讳的就是听人一言就怒发冲冠。先要平静，然后思考，反复权衡，再做判断。

不经验主义。活了二三十年，多多少少也算经历过事儿了。所以，遇到问题，我们的大脑就开始飞速地检索过去的经验，经验主义就应运而生了。但是我们处在一个剧烈变化的世界里，我们自己也是快速成长的个体。人连相貌个头都是没几年就要大变样，别说是千变万化的外部世界了。所以遇事单靠经验是不行的。以前我们买火车票就知道提早去排队，可现在如果不与时俱进，还是拿个小马扎去火车站，等售票窗口放票的一瞬间也许别人早从网上、电话上把票订完了，靠你的经验，去得再早有什么用呢？

不急于得出结论。我有一个切身的感受，每当逛商场或者淘宝的时候，我经常会发现一些很喜欢但是却并不急需或者并不实用的玩意儿，这个时候心中总是涌动着购物的欲望，犹豫反复，总是感觉不买可惜，总是用“也许以后买不到”之类的理由来说服自己。假如当时买了，可能以后就只是束之高阁。要是没买，放一段时间之后，却发现连这回事都忘记了，当时的那种冲动就更荡然无存了。几次这样的经历下来，再有这样冲动的时候，我就说服自己等三天，要是三天后还没改变主意，就买。这么办之后，我发现效果很好，少花了大笔冤枉钱。这件事给我的一个启示就是，千万别冲动，别急于下结论，不妨沉淀一下自己的想法，把选择的权力交付给时间。

不要让已经发生不可改变的事情影响自己的决断。每个人都会遇到很多不如意的事情，一旦事情的发展超越了我们的预期，我们的心理就会受到影响。遇到这样的情况，不同的人有不同的处理方式。我们一定要避免一种叫作“赌徒心态”的思维方式。一旦有了不如意就耿耿于怀，始终放不下，憋着一口气急于挽回，再出现类似的机会的时候，平时的谨慎、理性消失无踪，把自己所有的资本一股脑全押在上面。很多人赢了，但是更多人血本无归，连翻身的机会都不再有。“赌徒心态”绝对是失败者的必备潜质，人家都说“十个赌的九个输，留下一个最后哭”，不但赌博绝不可沾，这种心态也害人不浅。请摒弃它。

一个人做出决定，应该全面、客观、理性。那些正确、积极、眼光长远的决定反过来会促进一个人的成长。试着更有大局观、更有决断力、更有创造力地解决问题，才会逐渐成为一个靠强大头脑驱动的强大灵魂。

◆ 你要继续走，发现一条更宽阔的路

喜欢旅游的人大概都有这样一个感受，那些所谓的风景名胜，很多都是名声在外，真正身临其境了却总有大失所望之感。旅游的乐趣很大一部分是在追寻的路上得到的。遇到美不胜收的景色，我们常常停车拍照，大口呼吸郊野的新鲜空气，可是等一路走走停停到了目的地，有时候没了力气，有时候竟然连期待的心情也所剩不多了。所以人家归纳总结说“最美的风景，在路上”。

不要急于到达目的地而忽略了过程中的美景，到达终点需要一个过程。急于求成可以算作是这个年纪特有的性格特征之一。有时候对于成功的期盼不是社会和家庭给的，而是自己给自己加压得来的。以前跟爸妈交流，他们告诉我说其实老人对我们的期望远远没有那么高，只要衣食无忧他们就放心了，要是再能小有成就他们就会喜不自胜，如果你还能给他们及早添一个大胖小子，他们就只会天天乐呵了。但是我们自己却不断给自己加压。不甘平庸的心是可贵的，但是过于急切地展示自我却是不可取的。有首歌里这样唱道，“没有谁能随随便便成功”，“不经历风雨，怎么见彩虹”。号称“闪电”的博尔特跑过一百米也要九秒多，发令枪一响你就想在终点被鲜花和掌声包围，可能吗？

不要忽略过程中的收获，它能助你到达更高的峰顶。有一年，我看中央电

视台体育频道的人物专访，对象是20世纪六七十年代红极一时的乒坛名宿庄则栋。庄老在乒乓球领域的成就自不须赘言，但是风云际会他在某些他不熟悉也不应该涉及的领域走错了路，人生经历了很多波澜起伏。庄老在采访中动情地说人生真像一个圆，它的起点就是它的终点。以他的经历来看，他成名于体育又在体育上摔跟头，是不是他的人生是白过了呢？当然不是，他回顾自己的一生，说道，“我是政治幼童，犯过政治错误，但在乒乓球上还是有许多宝贵经验和心得，希望把自己的技术经验贡献给国家。”这是怎样的人生阅历才得出的深刻领悟，虽然走过一圈回到终点，但是平淡的结局丝毫掩盖不了过程的波澜壮阔。

越过岔路口你会豁然开朗。这个世界上，没有谁能够一辈子不遇到坎坷，顺顺当当。如果真有那样的人，我想他也一定不会快乐，电影《楚门的世界》的主人公不就是这样吗？挫折是人生的财富，虽然有时候我们畏惧这样的“财富”。“人生不如意十之八九”，就好像在陌生的路上行走，时不时就会有个没有路标的岔路口。在十字路口不同的处理方法会造就你不同的人生之路。有的人不问来路、不问去程，闭着眼睛往前走，期望着命运的眷顾，最后的结果大多就是天不遂人愿、追悔莫及。有些人面对困境毫无办法、思前想后，同行的人已经甩下他几条大街，他还在犹犹豫豫，最后的结果很可能就是到此为止，错失机会。而有的人在遇见岔路之前就有预案，遇见岔路的时候能理智判断，走过岔路之后会悉心总结，那他以后的路就会越来越顺。很多的岔路也许只是命运考验一个成功者的方式，越过这些沟沟坎坎，会豁然开朗迎来另外一片天。

坚持下去，路会越走越宽。喜欢跑步的人都有这样一个体会，每当我们要完成一个距离，最累的时候有两个，一个是体力到达极限的时候，一个是临近终点的时候。俗话都说“行百里者半九十”，也许最难熬的时候就是临近成功的时候。打拼的日子难免有疲累，临近成功总是头绪繁多。想要成功需要具备的因素有很多，但是“坚持”一定是其中不可或缺的一个。为了到达心中的彼岸，我们千辛万苦。为了摘取胜利的果实，我们不怕艰难。最后的那一段路，也许就是最难的一段路。此时心力交瘁的你，最容易防松警惕，也最容易迷失自我。不妨如同跑步时候一样，咬咬牙，再咬咬牙，一口气挺过去。前面那99%的苦难都迈过来了，剩下的1%坚持不了吗？

在前行的路上，有时候单单是保持“继续走”就是最难做到的事儿，可是也许也只有“坚持”才能给予你我这样平凡的灵魂出路。美国有个底层的青年，一贫如洗，其貌不扬。除了渴望演戏一无所长。他下定决心去找一份演员的差事。于是他把好莱坞500多家制片公司跑了一遍，希望有人能看看他的剧本，给他一个机会。可是500多家公司不是门都不叫他进就是等他讲完就把他扫地出门。但他就有这样的韧性，他又把这500家公司跑了一遍，还是一无所获。可他就是不走，又走一遍，又走一遍，在他第四遍走到第350家公司的时候，心软了的老板答应留下他的剧本看看。不久他主创、主演的电影《洛奇》上映了，火得一塌糊涂。这个人就是后来的动作巨星西维斯·史泰龙。

这个故事叫作《1850次的拒绝》。这也许就是我们和大人物的差别。尽管不是每个人都有他那样的勇气和韧性，也不是每个人都期望成为那样的大人物，可是只要我们继续走，朝着自己期望的方向迈进，就一定能有所收获。也许走着走着，看似没有前途的路就会一下子豁然开朗起来。

第4章

你唯一能把握的就是变成最好的自己

◆ 自我保护，避免被欲望法则下的成年事物伤害

常常有人问我家宝宝是男孩还是女孩。得知是女孩后，如果提问的是一位男孩的爸爸或妈妈，他们就会打趣说，省钱了啊，不用准备房子，不要太潇洒哦。如果提问的也是一位女孩的爸爸或妈妈，他们一定会“设身处地”地说，养女孩操心啊，尤其是青春期以后……妻听到这样的话总是不以为然，她常常以自己的例子回应说，没事没事，看看我，傻乎乎地还不是顺顺当当地当妈了……

说实话，在这方面，我远没有妻豁达，我也有担忧。虽然宝宝还小，现在谈论这些有点杞人忧天的感觉。但是作为一个父亲，我总是有些放心不下。

小时候妈妈常说，只有我们自己当了父母才能真正体会做父母的辛劳。现在看来，诚然。我们的父母把我们保护得太好了。所以一旦离开父母的庇护进入社会，总有目不暇接、手忙脚乱的感觉。作为第一代独生子女，爸爸妈妈对待我们真是放在手里怕飞了，含在嘴里怕化了。小时候妈妈从来不让我一个人出门，如果过了放学时间一刻钟我还没到家，妈妈马上就会出去接我，哪怕仅仅是因为老师拖堂。有的时候天不好，她就早早地站在校门口等我，等等。正是有了这样无微不至的关爱，等到上了大学我才发现自己对外面的世界极其缺

乏了解。好在在后来的阶段，爸爸妈妈有意识地开导和教育我，帮我渡过了初入社会那艰难的一段。在这期间，我也有了一些自己的感悟。

要多了解复杂的成人世界。小时候生活在一个有些闭塞的小城市，小到说起某一个同龄人，即使不在一个学校，也大概都能想起是谁来。所以我们那里的孩子，自我保护的意识很淡薄。有时候一个同学传一个口信说某某学校的一伙同学要和我们踢球，我们就想都不想地一路狂奔而去。可是等我们迈出生活了十几年的小城，如此轻信别人却常会上当受骗。大学报到那天，开门进来几个戴红袖标的学长，自称学校老师派来销售电话机和电话卡的，200一台不还价，我们几个新生想都没想就交了钱。可开学不到一周我们就在校门口的地摊上看到了一样的东西，几十块而已。这算是大学给我上的第一课吧，告诉我人心不古，提防小人图利。

我有个关系不错的高中女同学考到我们邻校。独在异乡的日子，同乡加同学的情谊使我们情同手足。大学后不久，她告诉有个大四的学长对她示好，特别关心她，她有被人宠爱的感觉，所以怦然心动，问我怎么办。那个时候的自己总是乐于撮合别人，我说看你感觉，喜欢就在一起啊。她特兴高采烈地走了，之后好长一段时间没了她的消息。过年回家，约好见面，一见面她就忍不住哭了。问起缘由，絮叨、支吾许久，才知道她所托非人。我只能慨叹一句，我们太天真了。荷尔蒙支配的少年时代有这样那样的想法我并不奇怪，但敢做不敢当这事我比较看不起。这件事虽然是别人的事，但是也告诉我，别把感情外衣下的事看得太美好。

所以，首要的是赶紧褪去青涩的外衣，懂得这些欲望法则下成人世界的阴暗面，才能有针对性地防患于未然。

不要轻信陌生人。不知道别的朋友有没有我一样的经历，我从小就被妈妈灌输不要和陌生人说话的观念。后来长大了一点，妈妈又加上了不要吃陌生人送的东西，不要给陌生人开门，等等。作为成年人，自然不必再如学龄前的小朋友一样不和陌生人说话，但是我们一定不要轻信一个目的不明、甚至身份都不明的陌生人。深圳就有很多人以招水客的名义叫人运送违禁物品，等东窗事发连他们人影也见不到，严重的后果只能由你一个人承担。多么可怕的陷阱，这可都是身边的例子。

不要相信有天上掉馅饼的好事。急于求成的心态容易使人丧失基本的辨识能力。总有人相信有天上掉馅饼的好事，而且相信馅饼掉下来一定能砸到自己。就我和我身边人的感觉来说，如果天上真的掉了馅饼，那这个馅饼一定可以一口吃十个。通向成功的路千万条，但没有一条不是经历千辛万苦才能达到，与其费心费力地去张嘴接饼，不如脚踏实地追寻成功来得现实。

不要被感情冲昏头脑。“哪个少男不多情，哪个少女不怀春”。处在这个年龄，就难免有以感情为重心的时候。为了“爱”要生要死，这是我们青春的印记。尽管如此，仍然要把感情和金钱、事业、未来尽量割裂开来，至少在没有认定一个人的时候暂时割裂开来。很多人特别喜欢用感情来装扮自己不可告人的目的。擦亮你的慧眼，先学会保护自己。不然你失去的可能就不仅仅是那所谓的“爱”了。

最后，我要说的是，假如真遇到了叫我们追悔莫及的事情，一定不要憋在心里，不要羞于启齿，更不要害怕被人嘲笑被人责备而独撑困局。你要相信，在你最困难的时候，你还有亲人朋友，他们一定会帮助你，搀扶你，哪怕只是陪伴你。有了他们，你会更快地走出人生的沼泽地。

◆ 每一分每一秒，我都在努力向自己的理想生活奔跑

就算一个人对世界的感知再迟钝，他也一定会对自己的未来有所期望。什么是你想要的人生，你的一生要怎么度过，一万个人有一万个答案。以前还在山东的时候，常常看山东卫视，记住了一个主持综艺节目的主持人。后来到了北京，一个偶然的机会，听了他的一席演讲。有些类似的心路历程深深吸引了我，我开始关注他。后来才知道他做过素描老师、拉萨酒吧老板、丽江酒吧掌柜、鼓手、民谣歌手，然后去了电视台，从剧务开始一路做到首席主持人。他出了一本书，书中记录了他十年的精彩成长之路，讲述了他路途中的十个故事。他的故事深深地震撼了我，朋友评价他是一个近乎完美的文艺青年，经历丰富，结果完满。可是我觉得他最叫我折服的还是他始终对自己理想生活不懈追寻的态度。

追寻不是一种结果，追寻是一个过程。我们应该迸发内心全部的力量，让来去匆匆的一生活出滋味、活出色彩、活出意义。

要看重生命中的每一分每一秒。回想十年前刚上大学时候的情景，就好像昨天一样。大学时光倏然一瞬，转眼就各奔东西。在校园的最后一天，大家都无比慌乱，托运了行李，领到了毕业证和学位证，连告别的时间都没有，就纷

纷挤上回家的列车。再回首那个时刻，心中满是遗憾，来不及道一声珍重，甚至来不及说一声再见。人生的每个阶段都是如此，“说过了常见面，再见时已多年。长的心情短的命，长长短短谁也说不清”。人生最可怕的地方就是无法重新来过，过去了就永远过去了。这些来去匆匆的人生片段时刻提醒我要珍惜当下的每一分每一秒，做每个阶段应该做的事，不要让年华虚度，在有限的生命里做更多有价值的事。

告别“襁褓依恋症”，挣开锁链使劲跑。人活着，总要面对很多不能躲避的人，处理很多无法回避的事。对待很多自己不愿面对的人和事，很多人的选择是逃避。从襁褓中的婴儿到自理自立的成年人，我们要经历从被人照顾到自我料理的转变。很多青年人就算身强体壮了，心理上也始终离不开被人照顾的心态。朋友家有个老家来的小妹妹，口齿伶俐干活麻利非常讨人喜欢，每当我们和朋友夸奖她，他总是叹气，他说告诉她无数次了，睡觉的时候别忘了关灯。可是小妹总是先在床上玩一会手机，情况好的时候大喊一声“哥，帮我关灯”，更多的时候就开着灯一夜。他说她永远是个小孩，需要人家照顾。总是败给自己的懒惰，这样什么时候才能长大。这样的情况好像在很多“90后”身上并不鲜见。

言必行、行必果，告别拖延症。“明日复明日，明日何其多，我生待明日，万事成蹉跎。”总有一些人对自己太好，喜欢给自己的懒惰、逃避和懦弱找借口。日上三竿还不起美其名曰平时太累，终日闲游名曰以后再努力，不愿下工夫就安慰自己说不要也罢。大家都是明白人，对推辞的伎俩一清二楚，与其推三阻四没有担当，还不如大大方方承认自己的不足。活着就要活得好，活出个样来，活出自己的理想，既然如此，多做一点不吃亏。早做晚做都要做的，不如早点动手。等待等不来成功，拖延拖不出好运，世界上到达成功最便捷的道路就是不怕麻烦地做好每一件事。路在脚下，赶紧迈出第一步。

从细微处着眼，细节决定成败。有这么一段话：“行为养成习惯，习惯造就性格，性格决定命运。”我觉得这段话很有道理。日常生活的一丝细节，可能就决定今后事物的发展走向。很多有所成就的人，都善于发掘细微处的机会，也善于处理小节。无法想象一个凡事粗枝大叶的人能够在当今这个社会游刃有余。这几年，某国产手机品牌创造了一个又一个奇迹。作为一个电器发烧友，我研究过他们改良过的操作系统。在使用过一段时间之后，我佩服得五体投地，他们把中国人使用手机的习惯研究得特别透彻，非常注意细节，用人性化的使用体验弥补品牌影响力等方面的不足，基本上你能想到的功能他们都实现了。这就是赢家应具有的品质。

走自己的路，让别人去说吧。不是每一个人都有鸿鹄之志，也不是每个人都志在高远，很多人存在的价值就在家长里短里面。所以每当你为别人对你的指手画脚而苦恼的时候，不妨看开一些。如果你连东家长西家短都不让他们说了，他们活着的价值在哪里？这一点，陈胜的故事就是再恰当不过的例子：“陈涉少时，尝与人佣耕，辍耕之垄上，怅恨久之，曰：‘苟富贵，勿相忘。’佣者笑而应曰：‘若为佣耕，何富贵也？’陈涉叹息曰：‘嗟乎，燕雀安知鸿鹄之志哉！’”嘴巴长在别人身上，由他们去好了。只要记住一点，等你功成名就之时，那些所谓的谈资都将成为你成功的注脚而不是指摘的理由。变得强大，是战胜闲言碎语的最好方式。

美好的生活是等不来的，需要你用心去寻找，做一个有心人，迈开大步向着理想奔跑。

◆ 出发之前永远是梦想，上路后永远是挑战

这个世界上，没有一段征程不是充满荆棘和挑战的。所有的梦想都以奋斗为注解，所有的道路都以挑战为装饰，就算是去郊游这样的小事也不免充满了坎坷。每当有外地的朋友到北京来，我总会自告奋勇陪他们去爬长城。长城是劳动人民智慧的结晶，蜿蜒万里的长城叫人思古怀远，无限神往。北京的各段长城我基本都去过，我喜欢站在长城之巅那种向风而立的感觉，灵魂仿佛自由，心情无比欢畅，那是一种城市纷繁生活中难得的放松。北京周边的各段长城都修缮得很好，平坦顺当。但是即使这样，迷路的情况也时常出现。可能是因为沉浸其中，边走边聊，就误入荆棘丛中的缘故。每当发觉走错了路，麻烦就来了。有时候眼见着大路就在不远的地方，可是费尽力气绕来绕去就是无法回到大道上，总要折腾许久。如果有心去某个城楼、某段城墙，这样的感觉就更加强烈。踏空、崴脚不是一次两次了，绕圈、滑倒更是家常便饭，被蒺藜刮破的裤子也有好几条。回来的时候总是气喘吁吁，筋疲力尽。不过好久以后，如果不是专门提起，那些小小的磨难竟然差不多都要忘记了，只有站在山巅一览众山小的感觉叫人念念不忘。所以，成功路上那些小小的磨难根本算不了什么，只是成功的点缀而已。

选择了开始，就不要轻易放弃。成功者和平庸者的一大不同就是在成功之前的蛰伏期能不能耐得住寂寞，能不能经受住黎明前的黑暗。朋友们到了山东，泰山是必去的景点之一，一山一水一圣人，不到泰山怎么算到过山东。我生长在泰山旁边，三岁就靠自己的双脚爬过泰山。以后的这近三十年，又多次登上泰山。我常常陪朋友们去爬山看日出。有过类似经验的人都知道，山顶极冷，哪怕是三伏天，在日出前的那一段时间，人也会被冻得面容发紫、手脚颤栗。很多零点前就到达山顶的游客，往往能够坚持三四个小时却没法捱过最后的一个小时。如果受不住就只能找地方取暖，错过了日出的美景。这个时候，千万不要轻易放弃，功亏一篑还不如没有开始。也许站起来跑跑跳跳，身体就会多些热量，就离看到红彤彤的太阳跃出云海更近了一些。人生也是这样，越到冲刺的时候，挑战越多，阻碍越多。你蔑视这些挑战，打起精神来和这些磨难勇敢地斗争一番，可能胜利就在眼前。

既然选择了远方，便只顾风雨兼程。有时候成功者还真需要一点执拗。作为一个球迷，说到这一点，我会一下子想起很多足球教练。比如1998年率领法国队在本土捧起大力神杯的雅凯、2002年率巴西队第五次夺得世界杯的斯科拉里，他们在选人用人的时候都是坚持己见的典型。坚决剔除不服从管理的大牌球员，对不符合自己战术需求的明星球员也不征召。虽然社会舆论和球迷多有意见，但是他们就是固执己见。最后的胜利者是无人指摘的，等到奖杯捧回家，谁还会再提那些不愉快的小事呢？所以，我们真的不必太在乎很多闲言碎语和是是非非。如果经过反复思索和考量，我们仍然坚信自己的选择，那么，我们不妨坚持下去。风雨挡不住一颗奋进的心，坎坷绊不倒一个不屈的灵魂。美丽的远方，青睐不畏险阻前进的人。

挑战有多困难，回忆就有多宝贵。有时候，我们抱怨到达成功的距离遥远，有时候我们沮丧于成功路上荆棘和坎坷的拦阻。可是，反过来想一想，这些不顺当不也是我们人生的宝贵财富吗？有故事的人才有回忆。如果我们如同温室的花朵一样不见阳光、不见雨露，如果我们和填鸭一样吃了睡，睡了吃，一生甚至连走路的机会也没多少，那等我们老了，等我们儿孙绕膝的时候，我们去回忆些什么，讲述些什么？人最宝贵的一生，就要这么平庸而迅速地过去吗？我读过很多人的回忆录，不管是政治家、军事家，还是艺人、运动员，他们的一生无不是如同丝线串起的珍珠一样，困难与挑战丛生，可他们之所以成名，也恰是轻视这些挑战，战胜了这些挑战，他们的人生才闪耀出别样的光彩。直面这些挑战吧，小打小闹的挫折根本无法挡住我们的去路。战胜它们，不是分分钟的事儿嘛！让磨砺来得更猛烈一些吧！

没有理想的人是可悲的，好像没有灵魂的行尸走肉，活着只是一副躯壳。但是，只有理想却不努力实践的人也是可悲的，只懂得做梦，不懂得追梦更不会脚踏实地，空有凌云壮志，最后给世人徒增笑柄。有雄心还要真用力，把一个个挑战踩在脚下，拨开云雾见青天。把一个个挑战挑落马下，才是命运真正的强者。

◆ 你能为自己的优秀和美好付出多少

妻学经济学出身，常常专注于研究各类家庭投资的途径，她把我们有限的钱经过排列组合，投入到储蓄、理财、基金、股票、贵金属各个方向上，虽然每项投资基数很小，勉强够开户，可是几年下来总的收益率一算，还真比五年定期要高不少。我对理财不在行，兴趣也不大，工资又少，所以这几年一直徘徊在温饱线上，时常需要向我家的“经济大咖”申请点“困难补助”。

她的观点就是“你不理财，财不理你”。她认为我们工资相当的情况下，她总比我钱多足以证明理财的重要性。迫于生计，我只能对她的观点表示认同。

也许和理财类似，我们要把经营自己当作一门学问，常常研修。变成一个优秀的人，是一个日积月累的过程。使自己美好，更是一个慢慢才能显现效果的事情。希望靠考试前突击一样完成这个期望，是不切实际的奢望，更是必然失败的尝试。我们应该试着从平时经历的每件事、每个细节做起，心中始终绷着一根弦，把对自己的改造融入到吃饭、睡觉、工作、生活中去。一个很简单的例子，我们聚会的机会好多好多，可是餐桌上的礼仪你懂多少？我们虽然不迷信，可是出席红白喜事的场合，要注意的事项你是不是都明了？只要留心，生活处处都是学问。婚后这几年，家里的上下水、墙面砖、水电暖、门窗地板的修理维护，我都能上手了，这就是观察、实践、熟练的过程。再难的学问，也难不倒一个生活的有心人。

完善自己，应该更看重过程。你可能会抱怨，世间的学问太多了，而且很多冷僻的知识和技能太专业，就算我有心学也不一定有好的效果。其实，使自己变得优秀和美好，我们更看重的是一个“优秀起来、美好起来”的过程。至于你最后有多优秀、有多美好，并没有一把尺子。我们不需要去和别人比，只需要比昨天的自己更好就够了。如果我们每一天都比昨天的自己优秀一点、美好一点，起码对我们自己的内心就是最好的交代。以前单身的时候，下了班嫌麻烦，吃饭就煮点面条、水饺之类的凑合。后来结婚了两个人吃饭，我下班早，就逼着自己去做饭。不可口就逼着自己多学、多问，多琢磨。现在再出手，起码也是家常菜高手的水平了。我们成不了大厨，也没必要做大厨，可能最后我还是家常菜水平，可是这个提升的过程，我收获了技能，也收获了快乐。

内外兼修才是生存之道。一个女人的美丽，绝对不仅仅是她买了多少钱的衣服、用了多么贵的化妆品、开什么车、逛什么店。当然，那些东西确实可以在一定程度上弥补你出身、教育、事业方面的不足。但是面子工程的效用一定远远逊于内心的强大和美丽。人的改变，应该更看重内心世界的丰富，用知识武装头脑，用眼界开阔思路，用宽容战胜浅薄，用博爱代替自私。这是一个很浅显的道理，浅显到世界上的选美机构在选美的时候，一定会把“美丽心智”当作一个重要的评选类别。一个外表靓丽的你叫人侧目，一个内心强大的你叫人仰视。看你的角度不同，代表你在别人心目中的位置不同。不必太迷恋外表的引人注目，再美丽的容颜也抵挡不住岁月风霜的侵蚀，只有闪亮的内心才能永不褪色。

好的结果会慢慢显现，不要急于求成。所有的改变都是一个慢慢看到结果的过程。“一蹴而就”这个成语不适用于自我完善自我改变这件事情。使自己变得优秀和美好，是对自己的负责，不是一个非要得到什么结果的事件。这是一门终生功课，急不得也急不来。我想只要心中有一颗完善自己的决心，一颗不断改变的恒心，一颗不被功名利禄沾染的初心，你一定可以到达你想要的高度，甚至比你期望的更好。

很多人退休之后，不是遛弯就是天天晒太阳，也许这就是人家所说的“知天命”的意思。这方面我很佩服我爸爸，这么多年他一直手不释卷、读书看报，从来不浪费时间。退休后有了空闲，他终于有了工夫好好研究起智能手机来。没受过高等教育，一辈子和钢铁打交道的人，硬是掌握了安卓系统的基本原理和操作。可能对很多年轻人来说，你们觉得这很简单，可是这些事放到我们父亲那个年龄的人身上，就不能不叫人肃然起敬。

使自己变得优秀和美好，是人的终身功课。它的存在让人的一生活得更有价值，更有意义。人总要有些追求，总要有些收获，这样才不是闭着眼睛瞎活。你愿意为自己的优秀和美好付出多少，你就会收获多少生命的惊喜。

◆ 感受每一刻每一处鲜活的生活

小朋友好像总有用不完的精力，又好像对世界上的一切都充满了好奇。女儿常常拉着我对自己遇见的一切问个不停，心情好的时候我还能耐住性子给她讲解，要是有诸如赶稿之类的工作劳心，我就会喊一声“问你妈去”，然后忙自己的事儿。每到此时，妻就会怒目圆睁，狠狠瞪我。她曾经语重心长地和我说，对待女儿不许不耐烦，更不许发脾气。她认为对小朋友来说，对这个世界充满好奇就是一种最原始的童真，要保护小朋友对世界的好奇心。她威胁我如果再有类似的言行，就不许我吃饭。

虽然我一直对她的警告置若罔闻，但是我内心知道她说得没错。我们都“老”了，就算容颜仍然青春靓丽，可是心早就生了锈，自恃有了些许社会经验，对世界已经没有感受新鲜的能力。

你有多久没有热泪盈眶，你有多久没有心潮澎湃，你有多久没有好奇心泛滥，甚至你有多久没有开怀大笑，有多久没有喜出望外了？我曾经在一次下班的路上，认真观察过地铁车厢，几十个人竟然没有一个人有笑容，甚至有表情的都不多。我们都变得迟钝，却自我安慰说这叫作成熟。我们用“忙”、“累”、“愁”之类的理由为自己的“迟钝”开脱，却不肯正视我们的阴郁与消沉。

成熟不是对世界的变化不闻不问，成熟不应该成为漠视世界的借口。请像孩子一样永远保持对世界的敏感。很难用言语来解释这种“敏感”是什么，我想大概是一种对身边所有变化的观察和阅读能力。就好比看书，有些人看情节，有些人看文字，有些人读出内涵，有些人有了感悟。这种敏感使我们对身边的世界有了不同的解读，然后就造就了我们对待世界不一样的方式。冷漠者有之、消沉者有之、积极者有之、向上者也有之，我们的人生有了不一样的波澜，开始不那么平淡，有了不同于他人的独特色彩。

世界每一刻都是新鲜的。有一段时间，我工作上有很多压力，生活中也有很多的不顺，心情比较抑郁，每天早晨醒来总是感觉头脑空空。我得承认，有时候看似柔弱的妻是一个内心很强大的人，就好像她的名字一样，她能带给逆境中的我很多的阳光。她陪我打球，带我出去散步，在一起散步的过程中，喜欢植物的她教我认识了很多从前不认识的花花草草，我们还和一个常去公园玩球的小朋友做了朋友。研究各种花草的过程中，和孩子的玩耍中，那些压在心头的沉重先是暂且放下，久而久之竟然慢慢淡了，心情有了改变，情况竟然也奇迹般地有了改观。小朋友告诉我们他在幼儿园发生的故事，好多次我都被他童真的话语逗乐。我发现不是这个世界不美好，是我已经好久没有心情去阅读它的美好了。人家不都说，心里有什么，眼睛里就能看到什么吗？被繁芜的俗事占据的内心，又怎么会看到彩虹，怎么能看到世界的光彩呢！生命是一趟没有返程的列车，我们应该珍惜乘车的每一个瞬间，多记录世界的美好。

始终不要停下探索世界的脚步。对许多热爱旅游的人来说，西藏是他们心中的天堂。青藏铁路刚开通的时候，我就有一个梦，要乘火车去一趟西藏。待到有一天真的坐上了这趟车，才发现睡觉都成了难以说服自己的事情，总怕错过美景，总怕错过高峰。高原的那种气魄绝对是在平原生活的人不目见耳闻无法想象的。这段旅程，是我一生都不会忘记的记忆。天空那么远，云却那么近，山峰那么高，自己却那么小。在那里，我们体会到一种没有任何烦扰的纯净，前所未有的黑暗和寂静时刻敲打着曾经浮躁的心灵。北京到拉萨的两天两夜，是一段旅程，更是一段灵魂的修行。到了西藏，因为头疼得厉害，所以并没有去太多的地方，但仅仅是看到经幡飘扬，草原无垠的景色，就已经足够我流连忘返。世间所有的旅行，都有这样一个效用，它们能够涤荡你有些疲惫的心灵，拂去奔波留下的灰尘。探索世界的意义，其实也是发现自己的内心。你能找到一个多大的世界，就能还原一个多么博大的自己。

不要做一个匆匆的过客，要珍视每一刻每一处的风景。不管到过多少地方，有过多少经历，都不要轻易把发生的一切随手放走。女儿从出生到长大，在每一个重要的节点上，我都会给她拍一张照片。这么久下来，看着她从襁褓中的娃娃变成能跑能跳的姑娘，心里软软的。偶有闲暇，翻一下这些年的照片，心里全是感动。二十年以后，她会有自己心爱的人，如果能把这些照片拿出来，我们是不是会喜极而泣？这些片段连接起来就构成了生活。生活的真谛不是住多大的房子、开多好的车，而是能够一家人幸福快乐地生活。所以，请珍视这些生活的片段。

有个朋友的QQ签名是“永远年轻，永远热泪盈眶”。我想我们每个人都要有这样的心情，感受每一刻每一处鲜活的生活，记录生活中的美好，只有这样，心才不会变老，才能品出生活的滋味。

◆ 不要让未来的你，讨厌现在的自己

我是一个生活很规律的人，早晨七点起，晚上十二点睡。多年以来保持这样的习惯，几乎没有过失眠的时候，可能也有心宽体胖的原因。但是比较郁闷的就是我很少能睡得着懒觉，到了点生物钟总是准时地把我叫起来。有时候休息日醒得早我就去旁边的公园转悠。早晨的公园鸟语花香，晨练的大爷大妈神情专注，一派祥和的画面。我和小区里早起晨练的几个大爷都很“熟”，但是却并不怎么说话。有过几次交流，几个大爷除了吹牛基本没有别的话题。动辄就是“要是当年我怎样怎样，现在我早怎么怎么了”“要是分配单位时去了哪里哪里，现在怎么也是局级干部”之类的话，我不爱听也就不接茬，久而久之他们也就不爱和我搭话。我倒也乐得清静。

妻说我是一个不太擅长掩饰自己爱憎的人，所以，也许大爷们早对我的不冷不热都看在眼里。实话讲，我就是很反感持那种论调的人。世界上哪有那么多的假设，经历了就无法重新来过，选择了就不要后悔，人生没有回头路，对与错都是自己的选择，好与坏都要愿赌服输。输了就输了，错了就错了，大大方方还能博人同情，唧唧歪歪只能叫人看低。

现在的一切都孕育着未来。人家都说“种瓜得瓜、种豆得豆”，春天播下

什么种子，秋天就会有什么收获。我们看很多人物传记，总是羡慕别人现在只需要动动嘴、开开会就能日进斗金，可是从前别人栉风沐雨的创业艰难你看到没有？这个世界习惯于瞩目成功的人，却总是忽视成功的人曾经经历的坎坷与艰辛。励志故事总是把成功后的自在描绘得浓墨重彩，却总是把成功路上主人公内心的煎熬和付出的心力轻描淡写。春天不播种、夏天不耕作，秋天就没收获、冬天就要挨饿，多么浅显的道理。今天多付出一些，多努力一些，并不是吃亏受累，也许只是为了明天的生活过得更轻松一点。

穷己一生，我们都要努力做一个不会后悔的人。后悔是世界上最可怕的事情之一。和我们所能经历的其他痛苦相比，后悔对我们最大的伤害就是无法挽回。年轻的时候还好，如果已经头发斑白，垂垂老矣，悔恨这种东西真的可以叫人有蚀骨之痛。我们不要等到那个时候再去感慨韶华易逝，也不要等到那个时候还空有雄心壮志。虽然我们常安慰别人，一切都还来得及，可实际上，就好比下棋，已经每一步都下得艰难，就算还能苟延残喘，棋局也早已胜负明了。趁着一切还来得及，朝着自己梦想中的生活不断努力吧！

努力变成一个你喜欢的自己。就算你没有太多人生的规划，你内心深处也一定有你想要的生活的样子，也一定对自己一生可以到达的高度有一个隐隐的期望。刚上初中那会，曾经有一个阶段，我生活在自卑和自闭当中。我觉得自己土气、瘦弱，感觉没有人喜欢我。但是一个偶然的演讲比赛，我闭着眼睛背讲稿竟然拿了奖，在校园里也开始有同学主动和我打招呼。好像生活一下子改变了。自信慢慢多起来，性格慢慢不那么封闭。这么多年过去，我还时常会想起站在学校操场主席台上的那十分钟。虽然成年之后知道那些所谓比赛可能只是学校课外活动计划的一部分，所谓名次可能只是担当评委的老师对“好学生”的鼓励。但是，我依然感恩，生活中有了这样一个契机，给我来之不易的自信，使我朝着一直期望的方向改变，逐渐远离不被自己喜欢的过去，慢慢走过人生的低潮期。

努力朝着自己梦想的生活前进。每个人出生的环境不同、成长的道路不同、所处的现状不同，他们心中的梦想也不同。贫穷的人渴望衣食无忧、腰缠万贯，落魄的人渴望激扬文字、指点江山，成功的人渴望更进一步、更上层楼。很多平凡的人们如你我，只要能和自己亲爱的家人活得健康、过得开心就够了。志向有区别，但没有高下之分。在梦想面前，每个人都是平等的，梦想不会区分你的高低贵贱。但是可悲的是，每个人对待梦想却有不一样的做法。有的人懒惰、有的人笨拙、有的人积极、有的人进取。事实早已证明，你是如何对待梦想的，梦想就会如何回馈你。所以，请一定要对自己诚恳，一定要对自己的生活诚实。

为梦想付出，但不要为梦想所累。梦想寄托着我们对未来的期望，有时候甚至是我们说服自己战胜懒惰、悲观、消沉、迷惘的理由，是我们劝勉自己勤奋、积极、努力、向上的动力。只是有的时候，人算不如天算，不如意的事情太多，总有很多意想不到的地方。所以总会有失意，总会有失落。遇到这样的时候，我们要调整好自己的心态。岂能万事如意，但求无愧于心就行了。千万别被梦想所累，梦想是用来催人奋进的，不是叫人牵肠挂肚的。

印度诗人泰戈尔有这样一句脍炙人口的诗句：“天空没有留下鸟的痕迹，但我已飞过。”我们终究会变成我们想要变成的自己，就算不能如意，我也曾那么努力过。

足够了，不是吗？

◆ 梦想，我想要更有资格地拥有你

这两年，某卫视有一档音乐选秀类节目红遍大江南北。其中有一位“梦想导师”不负其名，在点评阶段动不动就要祭出撒手锏，“你有什么梦想？”

就算只是渴望“出名”、“赚钱”，其实这也算是朴素的梦想。《中国合伙人》中的三位主人公，一心为了自己的“美国梦”奋斗，其实和“出名、赚钱”的梦想并无二致。

梦想是我们每个人都应该拥有的东西。十年前，作为社会实践的一部分，我曾去过川东一个小城。那里乡下的贫瘠大大出乎了我们的预期，还没有通电的村庄比比皆是。和当地很多村民交流，他们敏感而又自尊，不愿意说太多话。他们也有梦想，他们唯一的期望就是孩子们能够走出大山、去外面读书，再也不用和老天爷抗争，从山间的薄田刨衣取食。和这个形成鲜明对比的一次经历是去年参观中关村某电子产品企业，经常“失踪”的老板为了给我们讲课专门到了公司。面对这些专门去报道他、学习他的“媒体朋友们”，他自是意气风发、豪情万丈，他说他要把企业带出中国，将来要在五大洲设立研发中心，不久就要赴美IPO。讲台下鸦雀无声，说不清是什么感觉，也许面对和我们相似年龄的“成功者”，我们这些人都有一些淡淡的落寞吧。梦想有大有小，有远有近，它就是激励我们沿着自己的道路前进的动力。梦想达成与否、达成几何，我们并不能完全掌握，只是我们都需要它的存在，这样我们的奋斗才有价值。

不是每个人都能实现梦想。人本来就生而有别，更别提后天的境遇总有差别。所以有的人梦想实现，甚至是早早实现了，用几年的工夫完成了别人几世轮回都做不到的成就，剩下的时间就算只是“吃饭、睡觉、打豆豆”也能轻松度过。我们确实艳羡这样的人，但是却也无可奈何，这样的人毕竟是少数。绝大多数的人还需要奋斗，为了未知的未来奋斗。而且很多人即使时刻兢兢业业，天天晨钟暮鼓，究其一生也没有完全实现自己的梦想，就好比上面提到的那些大山里的孩子，大部分还在重复着父辈们看天吃饭的生活。可是，我们为有梦想的人喝彩，为那些为了实现梦想不懈奋斗的人鼓掌，也应该给予奋斗过却没有达成愿望的人鼓励，这才是梦想的本质——为了更好的生活而努力，不论结果如何。

为了实现梦想积蓄能量，厚积薄发。那位喜欢谈“梦想”的梦想导师从大学期间组建自己的乐队到这几年开始爆红，走过了将近二十年。走近梦想，靠的是点滴的积累，如果今天距离梦想比昨天更近一点，哪怕毫厘，也应该庆幸。不要害怕日常的琐碎，也不要疲倦于成效不够显著。你的梦想一直在实现的路上，只是需要一个爆发的时机。只要沉得住气，待到迸发的时候你想低调都压不住。很多娱乐圈大器晚成的演员，在某一部戏大红大紫之前，不也一样挤在合租房里，不也一样小胡同里买炒饭、包子，不也一样和你我一样挤地铁挤出一身汗吗！看到他们现在香车美女，出门动辄保镖，戴着墨镜黑超，别心理不平衡，这就是命运对人家“坚持”梦想的奖赏。所谓的“厚积薄发”，要把关注点放到“厚积”上。

你应该变得更加沉静，不急于求得一个结果，着眼当下，做好自己的事；你应该变得更加坚韧，不被一时的不顺所阻隔，“咬定青山不放松”，“任尔东南西北风”，朝着既定的目标坚定地往下走；你应该打开心灵，做一个“且行且歌”的梦想追求者，而不是一个紧锁眉头、憋着力气去和命运相搏的冲动者，相信付出总有回报；你应该轻装上阵，笑对成败，告诉自己过程比结果更重要；你应该不畏险阻，为了梦想的实现贡献心力，不被小沟小坎所耽搁，放马而去、一骑绝尘，投入到伟大梦想的怀抱里。

第5章
30岁前的定型准备

◆ 把生活跟目标联系在一起，而不是某个人或某些事

有一句话是这么说的："生，很容易。活，很容易。生活，不容易。"是这么个道理。活着为了什么？很多人想不清楚这个问题，甚至根本就是麻木地日复一日地机械劳作，都想不起来自己为什么而生而活。

20多岁的年纪，还是容易冲动和自以为是的时节。在某一个时期里，好像我们的头脑中只能容纳下一个人，一件事。我们所做的全部都是为了这一个人或者这一件事。这就好像是"功能手机"和"智能手机"的区别。"功能手机"只能打电话、发短信，比较高级的能上个2G网络，最最重要的特征是不能同时完成两件事。手机只有发展到"智能手机"阶段后才能切换到后台，同时执行多项任务。类似地，心胸能够容事也只能在人成长到一定阶段后才能做到，急不得。但是，等是等不来成长的，要从当下开始，试着改变。

见过很多这样的情况，你喜欢一个人，你觉得这个人是你生命中不可或缺的重要一部分，你觉得离开他你会活不下去，你觉得你所做的一切都是为了他。待到他的所作所为不能完全满足你的期望，你就认为为人所负，觉得生活不公平。这样的心态在很多女孩子身上尤其明显。我不喜欢这样的想法。姑且不论你在意的这个人是不是值得你为他生，为他死，就算他是一等一的优质对

象，你选择了为他改变，为他付出，这种抉择也是你做出的，也是你为了自己的幸福而下的赌注。没有任何一个人给过你承诺，即使给过也未必不能改变。既然是赌注，就有输的可能，又何必怨天尤人，慨叹命运呢？

也有一些人，在某一个阶段立志做成一件事，把自己全部的精气神投入到这件事上，你觉得你用尽了120%的力量，你要求自己只能成功不能失败。可是最后的结果并不如愿。于是心中那根支撑你的柱子一下子崩塌了。你食之无味，辗转无眠，一点从前的精神头也没了。可是你可曾想过，某件事再重要也只是一件事，你这么颓废下去，耽误的可是你的一生呢？

将自己的生活仅仅和一个人或一件事对应，是一种对自己的大不负责任，是一种幼稚的表现。爹妈生养你二十年，你可曾多一份体谅和宽慰给日夜为你操劳的父母？媒体上那些动不动为情所困：要死要活的人，我内心是很看不起的。传统的观念认为“身体发肤，受之父母”，轻易将生命托付他人，就是一种“大不孝”。我也看不起那种有了一点挫折就一蹶不振、动不动就要借酒消愁、沉迷玩物的人，他们的懈怠不过是为自己的脆弱或者懒惰找一个堂而皇之的借口而已。你年纪轻轻、身强体壮，多大的跟头能叫你爬不起来？你可曾记得，你不是为任何人活着的，你要为自己，为自己的未来而活？

人需要有一颗强大的内心来支撑自己。这种强大，包括可以战胜挫折的勇气、能够等待成功的耐性和掌控自己命运的能力，等等。集合这些能力，我们就能奔着自己的人生目标一路绝尘而去，迈向人生的高峰。

小的时候被问及有什么理想和目标，你可能支支吾吾答不上来。可是到了20多岁，人的人生观和价值观都趋于成熟，再对自己的人生目标不知一二就说不过去了。

你应该树立明确的人生目标。首先要强调的是，人和人的情况不同，切不可贪高求远，先树立一些容易达到的目标比较好。常言道“无志之人常立志，有志之人立长志”。不要时不时就给自己树个目标，过日子不是过家家，没人可哄也无人可骗，不要老做那种幼稚的事。

人要多树立小目标，努力实现小目标，最后完成大目标。再宏伟的人生志向，也要脚踏实地一步一个脚印儿去完成。有时候目标太大不但不能激励人反而给了人懈怠的理由。我们不妨树立一些眼前的目标。比如今年要做什么事、完成什么工作，等等。通过完成眼前的目标，积少成多，久而久之，就离自己的大目标不远了。

说一千道一万，人的成功最终还要靠“奋斗”。光有目标是不行的，目标要变成现实，想是想不出来的，说也是说不出来的，要靠“做”。这才是成事的基础。要不断充电，增强自己的硬实力，要勇于进取，不畏挫折，使自己处于不败之地。还要不屈不挠，坚定不移地朝着目标前进。

为自己所在意的人奋斗，我们内心幸福，经历过很多事件节点，我们更加奋进。某个人某件事可以影响我们的人生，但是我们的生活只会朝着我们心中的目标前进。

◆ 学会自制，年轻不是放纵的理由

就好像人在初恋的时候，不会考虑对方的家庭、工作等因素一样，青春年少的时候，我们以为我们能够永远18岁。我们疯狂一夜，眯两个小时接着神气活现。我们轻松地爬一天的山，走一天的路，吃一顿饭补充一下能量马上就满血复活。我们不知道吝惜自己的身体，因为我们觉得根本无须吝惜。我们挥霍青春，从来不去考虑这种挥霍会为以后带来什么。

人在25岁以前，身体的各项机能是一个爬坡的阶段，到25岁左右到达一个顶峰，其后就会慢慢下降。如今我已三十而立，这样的感觉越发明显。有时候忙碌一天，下了地铁连回家的那1000米都懒得走。周五下班睡觉前我一定要把我的手机关掉，第二天好能好好睡一觉，把一周的疲惫卸掉。去年陪朋友去京郊爬了一次山，回来后小腿愣是酸疼了一个星期。也别提时不时就会有的颈椎麻木、腰酸背痛了，食欲不振、头晕昏沉更是常有的事。

小时候我妈常说，别用凉水洗脚，免得以后老了关节疼。我总是嫌她唠叨。当着面不那么做了，背着她仍然我行我素。我的右脚以前踢球受过伤。从去年开始我的脚一走长路就隐隐不适，秋冬阴天的时候更明显。那时候就一下子想起妈妈的话，只是已经有些晚了。现在再不敢用自来水哗哗地洗脚，也算长了一点记性吧。

别老是拿着年轻当借口去放纵。不管你精力多么充沛，其实也不过是透支今后的精气神而已。中医里凡事要讲究一个“度”。以前上学的时候，学校寝室里基本上得深夜1点钟才安静下来。到了假期，我更是过得昼夜颠倒。有个兄弟也是这样，今年才20出头，到了假期就“放了羊”，没人管，天天上网到凌晨三四点，一觉醒来，父母都去上班了，不一会父母回来一起吃顿晚饭，他们就休息了，然后又是十个小时的上网时间。没多久，肠胃不行了，不明原因腹泻了一个月，一米八几的个子，瘦到八九十斤，活脱脱的麻秆，走路基本是两步一歇，几乎要见风倒。遍寻名医，找到一个专家，人家第一句就是，是不是经常熬夜上网啊？兄弟无言。最后住了一个多月的医院才逐渐康复。这都是身边的例子。年轻，不过是“显得”抗“造”能力强一点而已，但实际上都不过是在透支今后的健康。

成熟，是我们每一个人的必由之路。很多朋友总是觉得所谓的成熟，就是自立，就是能够不向爸妈伸手，就是遇事能够自己拿主意。那些当然是成熟的一个方面。可是“自制”也是成熟的一个重要方面。小时候，我们喜欢吃糖，就能一停不停地吃，不知道反胃。长大了一点，喜欢吃糖也只是吃几块，觉得吃多了口腻。再长大一点，我们谈起自己的“喜欢”，也大抵只是表达一种“习惯”，很少有人说自己想吃糖了就一定要马上去买来一饱口腹之欲。而再往后，就算是我们爱吃，为了健康，也是能不吃就不吃了。成熟意味着世界观的改变，我们不再由着自己性子来，我们知道了什么是有益的，什么是无益的甚至是有害的。能够明辨是非，控制自我，就是远离幼稚的一个步骤。

很多所谓的放纵其实就是宣泄一种情绪，说得不好听一点，大部分是吃饱了没事干才去“放纵”。人在忙碌、压抑了很久之后有一个释放的契机是一种很好的减压手段。比如，我和我的同事们终于完成了一项很大的工作，长久以来的压力终于卸下来了。我们约好去吃饭，聚会、唱歌，这都没问题，也谈不上“放纵”。可怕的“放纵”是什么？是把那些“放纵”当作工作的行为。有些沉迷网络的网瘾少年，每天醒来就坐在电脑前，除了上厕所，全部时间都在“练级”、“邦战”，那成了他们的“事业”。在我看来，这才是放纵，放纵就是年纪轻轻没事可干，去做一些成熟的人不会做的事。

千万不要把年轻当成一种放纵的理由，给自己辩解说等我有了稳定的工作我一定会安心上班，等我成家立业我一定会做一个好丈夫、好爸爸。就看屏幕前你眨都不眨的大眼睛，我就觉得你在痴人说梦。你天天去KTV唱歌，除了MV里面的女主角你谁也不认识，去哪成家立业？你天天和狐朋狗友一起吃喝玩乐，怎么能找到稳定的工作？要是天天这么过日子，怎能期待事业有成、家庭美满？

和很多同龄人一样，我很喜欢Beyond乐队的歌。因为他们的歌不只是卿卿我我、风花雪月，他们的歌声里有很多励志、很多感悟。他们有一首歌叫《年轻》，有几句歌词写得挺好，“年轻时代，充满青春色彩。从来就不相信年轻不会再来”，“美好理想，就在你我身边，要能肯定自己，就能抓住永远”，“天边彩虹匆匆地划过，就像青春一去不回头。要珍惜生命的每一天，年轻岁月才不会虚过。”

希望我们每一个人都拥有一段无悔的青春岁月，希望我们都能够把青春当作奋斗的资本，而不是放纵的理由。

◆ 总有一样，你能拿得出手

有人说，如果一个女孩不漂亮你就说她可爱，如果她也不够可爱，那么你就夸她有气质，如果很可惜她的气质也不够好，你就只能说她淳朴或者善良了。评价别人总要突出别人的一点优点。我们做人的时候也是这样。

大学毕业的时候，很多同学梦想着出国，很多学校和研究所给他们发来了offer。细心观察，你就会发现这样一个印象：那些总分始终名列前茅、动辄一等奖学金的同学收到的offer未必比那些“一专多能”的同学好。这往往令很多“学霸”不忿。实际上，和国内的学校和院所更看重总分不同，国外很多学校和研究所看重并不是你的平均分，而是你最拿手的那一科。

我工作这么多年，连同大学时代，和新闻行业打了十年交道。我有一个很深的感触，当今的新闻行业是一个高度专业、细分的行业，从前那种一手拿笔一手拿相机最后还要编辑剪辑的情况根本不存在。也许你在大学里，新闻写作、摄影摄像和非线性编辑都得了80分，你感觉自己成绩“优秀”。可是，等你踏入工作岗位，你会一下子面对这样三个人，他们只在其中一门是100分，其余两门是0分。你以为你能以一敌三，胜任一条龙的工作，可是最后，工作却是他们三个人协作完成，门门优秀的“学霸”你只能做做杂活。这就是我所熟悉的新闻界的现状，毫不夸张。

以我的经验，这个社会最需要的是“一专多能”的人才。还是新闻从业者的那个例子，假如三项中你有一项是100分，那另外两项都是60分，那你一定会成为单位里面的“香饽饽”。如果更凑巧，你是一个身强力壮的猛男，那么恭喜你，你成了各个部门抢着要的“万金油”。

这个现状给我们的启示就是，你要培养你的核心竞争力。总有一样，你要拿得出手。

一个人在职场摸爬滚打，需要学习的东西有很多。过硬的专业能力是基础，是你立足某个行业的基本要素；对人际关系要熟稔把握，一个和谐的人际关系将使你如入水之鱼，游刃有余；要有勤奋向上的工作态度，任何一份工作都需要一个积极的实践者，任何一个领导都喜欢一个勤奋的下属，态度决定一切，等等。这里面，最最核心的还是你的业务能力。每个单位都有遭人嫉恨的“工作狂”，也都有有口皆碑的“老好人”。“工作狂”虽不讨人喜欢，但是不用看人脸色，“老好人”人人喜欢可是工作起来大家又避之不及。

核心竞争力要及早培养。20来岁，在学校里有大把的时光，你当然可以在球场上挥汗如雨，当然可以在寝室里混沌度日，当然也可以在湖边小巷花前月下，但是在这些之外为什么不挤出一点时间去学习一门手艺呢？我上学的时候很鄙视那些“考证族”，可是毕了业却发现那些人手里我曾经不屑一顾的“本本”有时候真的好用，比如妻手里的“经济师”竟然相当于高级职称，在单位被人高看一眼，再比如我的“高级摄影师证书”在毕业后竟然成了别人提起我的时候经常要强调的地方，这些年给我帮了大忙。你完全不用刻意去学一些自己毫无兴趣的学问，顺着自己的志趣和爱好就可以找到属于你自己的专长。

核心竞争力要勇攀高峰。刚刚说过了，最可怕的竞争对手不是一个手枪、步枪、冲锋枪样样会用的人，而是一个能用手枪打苍蝇的人。我们有一个优点就要苦挖潜、深钻研。当你选择了一个你喜欢的领域，就应该在这个领域里举一反三，真正使自己由一个爱好者变成一个精通者。“一瓶子不满，半瓶子晃荡”的事万万不可做，浅尝辄止的事情只会贻误时机，抓住自己的爱好，抓住难得的学习时间，去“专、精、深、久”。知之者不如好之者，好之者不如乐之者。要把钻研一门学问变成乐趣，勇攀这个行业的高峰，这样将来在用得上的时候才能逢山开路、遇水搭桥。

核心竞争力要适时展现。也许是因为受几千年儒家文化的熏陶，中国的学生大多数不善于表现自己。这和很多西方的青年形成了鲜明的对比。而这种情况，北方的同学又甚于南方的同学。我们要做一个善于推销自己的人，适时地去展示自己的所长。你心怀玉璧却不展示，一味地谦让退缩，别人怎么知道你是抱玉之人，又怎么肯叫你担当大任？不但要适时展现，还要展现得好，展现出自己的最高水平，尤其是被上级、领导要求表现一下的时候，一定要把这个“面子”给长上去，出息了自己，取悦了领导，是一举两得的好事。

核心竞争力要永争第一。还是新闻从业者的例子，假如你多项技能都是100分，都能做到NO.1，那也就不用考虑如何扬长避短的问题了。你将是一块闪闪发光的金子，人人愿与你同行、与你为伍。在专精一门的基础上，能在周边的技能上日渐完善，才是个人成长的应有之义。久而久之，你就会成就一个足够强大的自我。

“衣柜里总要有一件衣服穿得出去，技能总要有一样拿得出手。这样才能让自己无可替代，生活才能不断充满惊喜。”

◆ 为你的生命积累一些厚度

网上看见这样一句话：人的一生中，“唯一不可阻挡的是时间，它像一把利刃，无声地切开了坚硬和柔软的一切，恒定地向前推进着，没有任何东西能够使它的行进产生丝毫颠簸，它却改变着一切。”面对生活，无奈的地方很多，生老病死、升跌起落，在自然规律面前，芸芸众生显得不堪一击。但是，我们能做的也很多。不是有那么一句话吗，我们不能延展生命的长度，但我们可以拓展生命的宽度。我再加上半句，我们还应该多积累生命的厚度。

人生在世，长不过百年。宿命论者认为“生死有命、富贵在天”，即使唯物论者如你我，面对自然衰老的规律也定然是无计可施。既然如此，不如顺其自然，保持一颗平常心，守着自己的寻常幸福，坦然面对人作为生物的自然结局，这是对待生命有限长度的应有态度。如果说生命的长度是一个关于“能活多久”的问题，那么生命的宽度就是“活着做什么”的问题。家庭和事业需要我们兼顾，友情爱情亲情需要我们领悟，酸甜苦辣咸人生百味需要我们感受。我把这叫作生活的“滋味”。而生命的厚度就是“活着想什么”的问题。人之所以是人，一个区别于动物的地方就是人有思想。我们要有厚重的灵魂。我们要思索自己是谁，要去哪里，能为外界、别人做些什么。我们可以懵懂而生，但不能糊涂而去。

多思考自己的责任和义务。每当我闲来无事翻看网页，总能在评论版里看到很多“愤青”的身影，他们总是喜欢不问青红皂白就到处“放炮”，我尤其反感动辄就对别人指手画脚的人，反正就是“为反对而反对”。我常想，总是抱怨有什么意义呢，既然你有这么多不忿的地方，却又改变不了世界，那为什么不从自己做起，用自己的力量去改变一点呢，多好多有意义？我们活着不单单是为了吃饱穿暖。以前自己不太理解那么多志愿者去关爱自然、关爱野生动物是为什么。这几年，随着阅历的增长，才能慢慢理解一些。这是我们作为自然一个个体的责任，我们享用自然给予我们的一切，无所回馈，只能力所能及地去付出一点点的爱心和辛劳。所以，只要是有时间，植树节的活动我一定参加，义务宣讲之类的活动也尽量参与。虽然做得还很不够，但是我相信我走在正确的路上。

力所能及地帮助他人。我们居住的小区处在一个交通很繁忙的地段，周围车来车往，生活设施都很齐全。但是前不久，我的一双运动鞋在脚趾的地方磨破了，扔掉太过可惜，就想找一个修鞋的师傅给补一下。也许是大家生活好了、修鞋的人也少了的缘故，我提着鞋子在小区周围转了好久都没有见到修鞋的地方，垂头丧气地回去。妻知道后就帮我留心周围有没有修鞋点。过了两天我下班回家，妻说我的鞋修好了。我说从哪找到的，她说就在不远的地方，我问花了多少钱，她说没花钱，师傅免费给修的。我感到很诧异，现在还有免费的事儿？妻递给我一张卡片，上面写着“××鞋业雷锋卡”。她说这个师傅本来只卖鞋，但是知道小区周围没有修鞋的地方后就把尘封多年的家伙什搬了出来，义务给大家修鞋。我无话可说，事情大大出乎我的意料，与修鞋师傅一比顿感自己境界的欠缺。虽然我们不是每个人都有那位学雷锋师傅的手艺和境界，但是能够被人需要，得到感谢，真的是一种很好的感觉。把帮助别人当作一种坚持不懈的事业，你会从中得到更多。

要常怀感恩之心。人生在世，谁都不能脱离周围的人和事而生存。我们要用感激之情面对世界，去发现更多的真善美；要用一颗真心看待人生，对生活多知足，对他人多宽容；要感恩自然、敬畏生命；也要友善待人，奉献社会；对父母多一分关爱，免得“子欲养而亲不待”；对朋友，多讲情谊少谈利益，少一些“甘若醴”的小人之交，等等。

始终要求自己做一个品格高尚的人。法国思想家罗曼·罗兰说：“没有伟大的品格，就没有伟大的人，甚至也没有伟大的艺术家，伟大的行动者。”品格直接决定了一个人所处的位置和被人尊敬的程度。如果你正直、信诺、品行高尚，那你始终能够赢得尊敬。相反，如果你的品性污秽不堪，不管你有多少知识、财富，有多高的地位，那你获得的认同就寥寥无几，生存的价值就会大打折扣。

毛主席曾经在《纪念白求恩》中这样评价这位不远万里来中国支援中国人民反法西斯战争的国际战士：“一个人能力有大小，但只要有这点精神，就是一个高尚的人，一个纯粹的人，一个有道德的人，一个脱离了低级趣味的人，一个有益于人民的人。”

如果我们能够做到这些，至少是朝这个方向努力，我们的生命就会充满存在的价值，我们就能真正做到无愧于心。

◆ 人际关系，不是说说而已

我给我女儿起的小名叫忱忱，我很喜欢“忱”这个字。它的释义有“真诚”、“诚恳”的意思。我和妻怀着无比期待的心情迎来了她，我们用自己最最在意的品格当作她的小名。这寄托了我俩对她的期待，不需要出人头地，只需要简简单单，但一定要保有一份童心，永远对自己诚实，对他人诚恳。

说到人际关系，其实我们每一个人都是在边经历边学习。每个人也有每个人的行为哲学。我只是谈谈这些年自己的一些感受。

我们做人，要时刻牢记将心比心，以心换心。到现在我都记得我中考时候语文考试的作文题目，“你认为人与人交往过程中，什么是最重要的？以此为内容作文，自拟题目，文体不限，800字左右。”我记得当时我写的作文题目就是《真诚》。时间久远，内容已经记不起来了。我觉得我们只要记得一点“推己及人”就好了。我们与人相交，求的是能够有话说、共甘苦。很多人都看过《楚门的世界》这部经典电影。楚门好像很幸福，可是他宁肯决绝地放弃所拥有的一切去追寻一种“真实”的生。由此可见，我们是多么期望一种“不被欺骗”的幸福。我始终告诫自己的就是，一定要真心对待别人，即使是对不喜欢的人。我可以疏远你，但是只要是面对你，我就愿意真心实意地和你对话，和你共事，不管你是怎么对待我的。无论何时、何地、何种情况，我能保证的是我会自己的真心对待和我相交的每一个人。

要始终做一个“正直的自己”。不要因为对方所处的位置就刻意地去迎合别人，改变自己。你就是你，独一无二的你，每年我们部门都会进一两个新人，这两年新来的一个同志虽然是刚入社会，但是“人情练达”，特别善于揣测他人的心思，然后根据自己的判断去决定说什么话，做什么事。和这样的人相处，起先可能是愉快的，可是久了就有不舒服感。其实大家智商都相仿，你能想到的别人也能想到。既然这样，大可不必自作聪明，处处“先人一步”，不但达不到你的初衷，叫别人喜欢你，而且容易给人造成你总是巴结讨好别人的印象。我不喜欢那种没有原则“一心向上爬”的人，我也不喜欢混吃等死、分内的工作都不理不睬的人。我觉得只要做好分内工作，其他的事都会水到渠成。我在意的是一种过程，而不是非要得到什么样的结果。我按照自己的价值观而勤奋努力，有自己的主见，不做骑墙草。也许最后我只是一个“平凡”的自己，但我一定要做一个“正直的灵魂”。也许不是所有人都喜欢我，但是我更看重人人能钦佩我的正直和公正。

前一段时间很流行一个亲子节目叫作《爸爸去哪儿》，妻非常喜欢。里面林志颖常常教育Kimi的一点就是要学会分享、乐于分享。这一点也叫我受用很多。我和妻说我们这一代人这一点是有欠缺的。我们出生的20世纪80年代，物质还比较匮乏，我们很难和现在的小朋友一样有眼花缭乱的玩具、随时享用的美食美味。在那个年代，面对诱惑，我们潜意识里首先想到的是“我还没玩（吃）过呢”，所以免不了会有一点点的自私。感谢我们所处的伟大的时代，今天的我们，终于有机会去变成一个乐于分享的人。其实这很简单，比如，家庭喜事不妨告知身边朋友，大家都会为你祝福，人家都说把快乐分享给别人，快乐就成了双份。当你享用美食，不妨约上三五好友，举杯欢饮更能品味美食滋味。有形的无形的都可以分享。慢慢地，你会发现，分享会给你带来朋友，分享也会为你带走悲伤。

要懂得雪中送炭。我常常和妻交流，什么情况最能伤害一个人？答曰落井下石。什么情况最能温暖一个人？答曰雪中送炭。同等的伤害加之于一个逆境中的人，伤害是加倍的。同等的温暖给予一个困境中的人，温暖是翻倍的。我们要及时体察身边人的困难，在力所能及的情况下，尽可能地帮一把。很多人秉承着多一事不如少一事的原则去处理人际关系，其实是很不可取的。你不把自己当别人的朋友，别人又怎么能把你当朋友，有力助人的时候置若罔闻，又怎么能够希冀自己身处逆境的时候有人施以援手？人与人之间，需要多一份真情。这种感情，超越金钱和地位，历久弥坚。

更要懂得宽容。我们深知，这个世界上有多少个人，就有多少个不同的灵魂。我们出生在不同的家庭，成长在不同的环境，接触着不同的氛围，经历着不同的人生。对待很多事，我们会做出完全不同的决断。当别人的观点和做法和自己不同的时候，要多换位思考，多理解别人。试着去为别人作出不同于自己的选择找原因，了解别人背后的故事，做一个生活上的有心人。这样才不会有很多争执、很多矛盾、很多攻讦。

处理好人际关系，是我们的终生功课，愿与大家共勉。

◆ 你的价值绝不仅是薪水单上的数字

每当看到媒体上报道某某老总年薪多少多少万元的时候，妻总会说要是她有了那么多的钱，她就要做什么做什么。我总是取笑她，要是真的有一天她有了那么多的钱，她一定不会再有现在的这些想法。因为那个时候，钱就不再是她要考虑的问题。

社会发展到今天，虽然工作还不能完全做到按劳取酬，但是基本已经实现了“多劳多得”。在这个前提下，薪水单上的数字越大确实越说明你“成功”。有了钱，你可以做很多事情。工作后一段时间，终于通过自己的劳动攒下了一笔钱。我把其中一半给了妈妈，剩下的一半带上当时还是女朋友的妻去了一趟天府之国——四川好好玩了一圈，见到了大学时代的好友，将美味的四川小吃吃了个遍，去了一直想去而没去的地方……瞧，金钱越多，就越能通过物质实现自己的心愿，也越能从一个侧面展现工作的意义、生存的价值。

但是你工作的意义和生存的价值却绝对不仅仅体现在薪水单的数字上。大学时候我有一些学工科的朋友，他们上学期间很累，经常要通宵做作业。好不容易毕业进入了工作岗位，以为终于可以轻松一点了，却发现更累了。有一个同学毕业后去了一家很大的设计院，常常是每周7×15小时连轴转，通宵画图是常有的事，用他的话说叫“累得想哭”。如此辛苦，酬劳当然也称得上“足够有吸引力”。可是他说他一点也不幸福，他能体会的就是被剥削剩余价值的愤怒和无力吐槽的疲惫。小孩都会走了，见了他还是认生。他打算年底发了奖金就拍屁股走人，他说他要去一个能体现他的价值、又能给予他生活的地方。所以，薪水单上叫人咋舌的数字未必能带来你想要的一切。

这件事就印证了我们常说的那句话“钱不是万能的，没有钱是万万不能的”。对待薪水这件事绝对应该“辩证地看”。

与“我工作得到了多少酬劳”这件事相比，我觉得一个成熟的人更应该考虑的是“我应该怎么挣钱”和“我应该怎么使用我挣的钱”这两件事。

我们应该去做自己喜欢的工作。我很多同学在高考完填报志愿的时候误打误撞进了广告学专业，其实他们并不喜欢，只是大学里调换专业并不容易，所以他们只能等到了毕业。如今的他们在各行各业做着自己喜欢的事情，甚至有同学毕业后就去了工厂。这个同学说他喜欢那种看着钢水飞溅激情澎湃的感觉。我一点也不怀疑他所说的。人家都说“饱暖思淫欲”，其实吃饱穿暖之后你就发现，钱绝对不是你工作的第一要义。人各有志，能够从事一份自己喜欢的工作是我们父母那一辈求之不得的事。今天我们站在时代的潮头上，终于有了这样的选择机会，应该感恩伟大的时代，更应该好好地把握。

要做有意义的工作。什么是有意义的工作？我觉得用八个字来形容再恰当不过。做学问的应该“格物致知”，做事业的应该“利己达人”。我们工作的目的除了供养家人，更应该有益于社会，有助于他人。能够将自己所知所学贡献出来，去为社会的进步作出哪怕微小却对自己充满意义的努力，是多么幸福的事。能够在满足自己需求的同时帮助他人、改变他们的生活，该是多么有成就感的事。因为工作关系，我曾有幸采访某位喜欢在镜头前大把捐现钞的企业家，谈到为什么要拿出那么多精力帮助弱势群体时，他说钱多钱少到了某个阶段就不再重要，能够回馈社会帮助那些需要帮助的人，看到他们感激的笑容，那种满足感是多少钱也买不来的。虽然我并不认同他“高调慈善”的方式，但是我给他的想法点32个赞。

薪水的价值还应该体现在它的去向上。我和妻属于工薪阶层，每月的薪水也不过是能吃饱穿暖略有结余而已，但是她执意要资助一个家庭困难的小学生。多一千块，你富不了，少一千块，你也饿不着。与其耗费在那些毫无价值的事情上，耗费在几条烟、几瓶酒上，为什么不去做一些更有意义的事情？我觉得这不是说教，这是这些年我的真心体悟。

挣钱不是目的，挣钱是一种生存的手段。薪水可以帮助你生活得更好，薪水也可以帮助你实现许久以来你一直期望实现的梦想。薪水除了保证一家人的衣食住行，还能在更多地方发挥价值。既然如此，何乐而不为？

◆ 学会听从别人的建议，自己做决定

有一回，我和妻卧谈，我问她，我们俩算不算知识分子？她想了想说我应该算，我是“211”大学的硕士，你算不算你自己看着办吧。对此我很无语，我说我这辈子就是吃了学历低的亏，感谢你不弃之恩。我接着问她，如果我们都可以忝居“知识分子”这个行列的话，那么“知识分子”和普通人的区别应该在哪里？

我想很多人都没有认真考虑过这个问题。她想了想说，知识分子有素质。我又问什么叫“有素质”，她转身哼起了歌，不再理我。于是我又自讨没趣地喋喋不休起来。

我说，旧中国没有受过教育的贫苦农民，连自己的名字都写不出来，给亲人写信都需要别人代笔，他们有自己的独立的思想吗？就算他们有自己的思想，可是却写不出来，那他们能把控别人所写的内容吗？今天的我们，真的做到了先人们梦想的“眼观六路、耳听八方”。我们这些所谓的“知识分子”可以用自己的眼睛看世界，用自己的大脑思考人生。谁的脸色都不用瞧就可以吃饱穿暖，我们活着靠的是自己的大脑和双手，不依附于任何人，不人云亦云，能够掌控自己的命运，不被别人牵着走。我认为这就是“知识分子”和其他人

的不同。

妻说，看不出你这没文化的老粗还能说出点道道来。不过，身边高学历的人这么多，又有几人能做到你说的呢？是啊，这就是可悲的地方。

我不怎么看电视，即使看电视一般也只看新闻频道。我曾在某个夜晚睡不着的时候对比现在和过去的自己，我发现现在我看新闻和从前有了一大不同：我终于有了兴趣和耐心去看新闻评论，而不只是关注新闻本身。我曾在某新闻的评论中记下这么一段话："我们生在一个未必伟大、但一定会被历史大书特书的时代。这个时代最可书写之处，就是越来越多的人不会再被洗脑。觉醒，是我们不辜负这个时代唯一的方式。"我们前二十多年的人生历程，大多都是在学习，目的就是要为自己最终获得决断的能力积累资本。

命运是自己的，决断是自己的。我们要远离别人的说教，但是我们要善于领悟别人的建议。中国有句俗话，三个臭皮匠顶个诸葛亮。我们每个人都有三五好友。什么是朋友？每个人都有自己的答案。我所理解的朋友，不只是同甘共苦，还应该雪中送炭，更应该"口无遮拦"，能够知无不言言无不尽。一个人的智慧再高也是有限的，而大家集思广益就一定能够补一个人所思之不足。

听从别人的建议，才能减少犯错，防止刚愎自用。自己做决定才能掌控自己的命运，使自己的人生不留遗憾。我有一个经验就是，当我们听从了别人的建议而结果是自己满意的，我们会感激别人的建议。而如果结果我们不够满意，我们一定会追悔莫及，甚至会怪罪到别人头上。只有自己做选择，当结果不够满意的时候，才不会怨天尤人。所以每当我的姑妈、舅妈希望我帮腔让弟弟妹妹们听从她们的建议的时候，我都不置可否。我们都是那个年龄过来的人，说教没有用，只有自己摔倒了知道疼了才不会再犯错。摔摔打打也没有什么。我常常这么开导她们。

历史演进到今天，时代的车轮隆隆向前。我们开始真正地归属于我们自己。同历史任何一个时代的人相比，我们拥有前所未有的自主能力，我们理应感到幸福。在写作这一篇文章的时候，我看到一则消息，某邻国的一名优秀女学生坚信汉堡是他们的领袖于2009年发明的，米老鼠来自中国……莞尔一笑的同时，请为自己所处的时代欢呼吧。我们不被蒙蔽，有属于自己的头脑，能获得足够客观、丰富的资讯叫我们做出正确的决断。我们不孤单，我们的亲友伴随一生。即使没有亲友给我们建议，打开微博甚至匿名发一个帖子，就有好多热心的朋友给你建议，“择其善者而从之”加上自己的阅历和智慧，不就是战无不胜攻无不克的法宝吗？

第6章
你想做的
到底是什么

◆ 没有人愿意贫穷，可是出路在哪里

“君子爱财，取之有道”，所谓的“道”，就是正确的方法。《论语》中子曰：“富与贵，是人之所欲也，不以其道得之，不处也；贫与贱，是人之所恶也，不以其道得之，不去也。”得财有道，方可长久，也才心安。

前几年，我在参加一个培训的时候，老师给出过一个题目，对我要讲的事情很有借鉴意义。拿出来，与大家分享。

他的题目是这样的：你的才华被某投资人看重，他给你足够的金钱、足够的自主权，要你在某小镇的郊外开设一家商铺，说说你打算怎么获得成功。

回答这样的问题，一千个人有一个种答案。我是这样思考的，首先自然是应该做好前期的市场调研。小镇的人购物习惯是什么、选购商品有哪些喜好以及附近有哪些竞争对手、如何突出自己的特色，等等。这一点给我们的启示就是，当我们打算做一件事，如果事先对此没有做好打算，只是如流水线上的机器人一样盲目劳动，那无非是在等天上掉馅饼。先贤有云：“凡事预则立，不预则废”，听天由命地去做某件事，有时候比登天简单不了太多。我们要远离贫穷，就要创富，创富需要很多条件，首要的条件就是找准切入点。这需要社会经验的归纳总结，就好比砌房子时候地基的作用，地基选址关乎今后房屋是

否牢固。你应该结合自己实际，去找寻自己耕耘的方向。

其次要有敏锐的嗅觉。要紧跟时代的潮流，密切关注购买者的购买趋向。根据销量及时进行新产品引进、滞销品下架之类的工作，以及推出组合销售等措施。这一点给我们的启示在于，不是每一个最初的选择都有最好的结果，都能持久地带来惊喜。但是每经历一次努力我们就积累了一份经验。经验有时候比金钱更宝贵，它可以帮助我们及时修正方向，为今后的行动避开礁石，鼓满风帆。目前公司刚上市的某电商老总，起先创业的时候也不是搞B2C，而是在中关村卖刻录盘。能够具有一剑封喉的眼光是一种天赋，可是没有也没关系，我多刺几下又能怎样？因时而变，因势利导，慢慢找到自己擅长的方向，就离想要的成功更近了一些。

然后要确保自己有一个团结奋进的经营团队。这些人或者以你为中心，或者分工协作，为了一个共同的目标，齐心合力。世上没有完人，却有很多某个方面杰出的人才。去年很火的一部电影《中国合伙人》，讲述了教育业培训巨头三个合伙人的故事。三个男主角各有特点、各有专长，大家劲往一处使，才有了后来的教育培训巨无霸。这给我们的启示就是打造一支精诚团结、协调有序、富有凝聚力和创造力的团队。俗话说得好，一个篱笆三个桩，一个好汉三个帮。完全靠一个人取得成功的案例在当今社会少之又少。团队的能力决定你们事业的高度。团队的成员要有共同的价值理念，大方向必须保持一致，要有互补的性格特点，能及时化解沟通中的矛盾，还要有不计私利的忘我精神。有这样的一个团队是创业者的福分。据说阿里巴巴的马云在创业之初有17个合伙人，他们号称“十八罗汉”。你看，有时候团队不怕人多，人多未必添乱，有一个好的团队，人多反而力量大，能够充分发挥出1+1＞2的效果。

最最重要的还是要踏实肯干。无论是故事中，还是现实中，这都是获得成功的题中之义，是你的核心竞争力。说起励志，有一个故事一定是躲不过去的，就是《阿甘正传》。阿甘是一个虚构的人物，但是他带给每一个人独一无二的感动。每个人眼中的阿甘都是不同的样子。阿甘感动我的除了淳朴，除了世人少有的诚实，除了略显死板的守信等等诸多的特点之外，还有一点，就是：勤奋，他从来不会寻找捷径，他从来都是靠勤奋的苦练去寻找成功。他的成功得来不易，却当之无愧，不会失去。成功的阿甘被人簇拥，没人提起他被人轻视和取笑的过往。他的笑容从来都是那么淡然，因为他把勤奋，把奋斗当成了一种理所应当。成功属于有准备的人，成功属于踏实奋斗的人。阿甘生来不幸，几乎可以被称为上帝的弃儿，可是依赖不懈的奋斗，他却成了命运的赢家。

其实，这个题目分享完了，我要讲的你也一定明白了。我们都不愿意与贫穷为伍，我们都迫切地希望改变它。那么，拿出你踏实肯干的勤奋来，在清醒的自我认知基础上，和你可以信赖的小伙伴们一起努力，抓住转瞬即逝的机会，主动出击、一路向前，最后再加上一点点的小运气，你想要的生活就不远了。

◆ 成长，比你想象的更加迫切

青春懵懂的十六七岁，好像真是“为赋新词强说愁”的年纪，少男少女的花季雨季，那样敏感、那样脆弱。也许只是一个眼神、一个动作就能被伤害、被触动。随着心智的慢慢成熟，20多岁之后，我们慢慢学会了隐藏，也学会了忍耐。小朋友们对我们的称呼也实现了由“哥哥”、“姐姐”到“叔叔”“阿姨”的跨越，甚至有了很多年轻的“爸爸”、“妈妈”。我们也慢慢地愿意以一个成年人自居。

可是，待到真正离开父母独立生活，我们发现自己仍然远比想象的幼稚。我们原先以为水电暖气只要打开开关就能使用，却不懂得要跑去专门的地方开户、缴费；我们觉得打扫卫生就是拿起笤帚扫扫地，再用拖把擦擦地，却不知道要把边边角角都打扫干净，每隔一段时间还要清洗窗帘被单；我们以为上班就是朝九晚五，到了月末就有钱发，后来才发现，不但工作多到应接不暇，有时候拿到自己的劳动所得还要看老板的心情……从前的我们好简单，世界好复杂，活着好艰难！

我们这一代人，好像都成熟得比较晚。家里大多只有一个孩子，我们一直生活在一个玻璃罩里，我们看得到外面的月圆月缺、风雷雨电，却少有体会骄阳的炽热、秋雨的冰冷，我们看得到外面人流如梭、世情汹涌，却少有体会迎来送往、人情冷暖。我们是被保护的一代人。

我们需要成长，需要快速的成长。

我们需要一个强健的体魄。作为一个成年人，强健的体魄是你成人立世的根基，身体弱不禁风就难以承受高强的压力，甚至有时候都难以获得别人的信任。合上你的笔记本，远离那些靠时间和金钱来获得成就感的网游吧！掐掉燃烧着的青烟，戒绝慢慢腐蚀你身体的香烟、啤酒吧！为什么不在日丽的天气里去公园打打球，为什么不在风和的日子里去郊外远游、放风筝，为什么不约三五好友谈谈心事、聊聊未来，甚至就是多读几本好书，多去几处名胜？远离那些不健康的生活方式，其实就是成长的最基本要义。

每个人有每个人的脾气和性格，可是单从一个人来看，20岁之前确实是最叛逆的一段时光。我们蔑视权威，反对经验。我们特立独行、不听人劝。我们纵容自己、没有节制。我们把自己当作一个成熟理性、能力超群的成年人。然而，这一切的信念都伴随着踏入社会的一次次碰壁而开始动摇。在一段时间里，我们甚至开始怀疑自己。其实，这正是我们内心开始成熟的前兆。阅历和做派是和年龄息息相关的。“嘴上没毛，办事不牢”听起来俗套，可是想想也真的有它的道理。要学会提早准备，这样才能避免事到眼前出了意外无法改变；要思考周全、有备无患，这样才不至于临时抓瞎，到时傻眼；要留有后路，这样才能进退有路，收放自如……我们不再是一个要别人照顾的孩子，我们要撑起自己的人生，还要用自己的臂膀给人依靠。当然很多事情没经历过，讲再多也是徒劳。可是，我们不能容忍每件事都等错误发生再去改变，我们要学会借鉴别人的经验，要学会听取别人的建议，在观察和相处中取人之长，尽量地使自己的成长不那么拖沓，不至于影响你的前途和人生。

我们一天天地成长，一天天改变，去适应社会早就给我们准备好的新角色。法律上，年满十六岁你就可以参加工作，就要为自己的行为承担刑事责任，年满十八岁就被视为具有完全民事行为能力，拥有了选举权，就是我们常说的已成年。我们作为主体，更应该主动地去适应这些角色。老人们常常说，什么年纪要做什么年纪应该做的事。到了学龄，我们就要入学，爹妈再宠爱也逃不脱；小学完了是中学，中学完了是大学，寒窗苦读十几载，就要把所学奉献社会，就要为社会贡献才智与力量；等有了一定的基础，多了一些担当，就要结婚、生子，完成对家庭的承诺……这些都是我们作为一个人逃不脱的角色。我们不能被动地去适应，更不能去逃避。很多人毕业后窝在家里“啃老”，不想承担自己的“责任”，这是懦弱的表现。很多人借口还没准备好，把谈了好多年的男女朋友扔在一边，久而久之，辜负了对方的一片痴情，也最终失去了这份爱。世上没有后悔药，机会在自己手中的时候，要抓住它、抓牢它。主动出击，才能赢得先机。

和所有的同龄人一样，我也是随着时间才慢慢褪去青涩的外衣，才开始思考很多以前不曾在意的问题。再一次回想这几年的成长，忽然想和大家分享一些小小的感悟。刚工作那会，能吃饱穿暖就很不错，大部分时候是“月光族”，自己感觉也没什么大不了。渐渐地我们有了一点点积蓄，账户里有了一点点余粮。我妈说，懂得过日子才是长大了。我曾经嗤之以鼻，现在再来看，却发现这是挺有道理的一句话。学着去懂一点金融知识，学着去打理一下自己的财富。是把所有的财富都放到储蓄账户里，还是分成几块投到储蓄、理财、贵金属账户？你需要你的财富保证流动性，还是需要它获得高收益？不要因为自己的基数小就看淡这些技巧。或许在基数小的时候你打理起来会更容易，头脑会更清楚。“你不理财，财不理你”，金钱给予人的踏实感是无以替代的。看不见小钱的人永远也赚不到大钱。我想，如何对待自己的财富也是成长的一个重要方面。如何使自己的财富增值，也是每一个20多岁的青年需要思考的课题。

◆ 控制——这才是你想要的

人类改造自然的一大成就，就是实现了对自然的“控制”。我们已经可以“控制”天气，久旱之地不必再为等待甘霖而苦苦祈求；我们已经可以“控制”动物的种群，使之保持一个合理的数量……更不用说人类可以轻易地改变山川、河流的面貌，可以建设人工岛屿。电视新闻上还报道2022年阿联酋足球世界杯的主办方承诺将对沙漠中的体育场实现温控，使观众体会到身处空调房的感觉。

我们不禁由衷地感叹人类伟大，这是人类社会发展的成就展示。其实，对自我实现控制，恰是人从幼稚懵懂迈向理性成熟的一大标志。

我们要学会控制情绪与心情。能够做到“不以物喜、不以己悲”是人生的大智慧。《菜根谭》的作者洪应明曾经写过这样一副对联自勉：“宠辱不惊，看庭前花开花落；去留无意，望天上云卷云舒。”宠辱不惊、去留无意说起来简单，做起来却需要一份淡然的心境。世俗中人缺少的就是这样一份淡泊。老子主张“恬淡为上，胜而不美”的人生境界，诸葛孔明在《诫子书》中告诫儿子“非淡泊无以明志，非宁静无以致远”。控制情绪，我认为有两层含义。一者曰得之不妄喜。人生本多苦悲，忽然天降喜事，本应欣喜。可俗话说乐极生悲，能够把握自己的情绪，把欢喜的形与状幻化成内心的喜悦，转化成更上一层楼的动力，是青年人摆脱幼稚、告别轻薄的分水岭。二者曰不恣悲。人生苦旅，“不如意事常八九，可与语人无二三”，人的内心蕴含太多苦楚，有时候忽然面临生离死别，难免悲伤无形。可是眼泪阻不断离别，悲伤抹不平创痛。与其悲悲戚戚，成为负面情绪播散者，不如化悲痛为力量，希冀能够转悲为喜。举个例子，年少时节为情所困的时候，松开手的刹那，消失虽然过于决绝，却恰恰最能叫人念念不忘。如果长久地沉溺在悲伤情绪中无法自拔，只会坚定对方的决绝。所以，控制悲喜是一堂人生的必修课。

我们要学会控制方向与进度。整装待发之前，我们要找准奋斗的方向。如果南辕北辙，跑得越快就离目标越远。黑夜里能够辨别方向是人的一种天赋，复杂环境中能够明形势、知进退是一种智慧。刚离开校门，也许需要经历一些坎坷，经历一些磨难，才能确保方向正确。只要路是对的，就不怕路远。掌握进度，是怕年少的锐气不能持久，再而衰三而竭。熟悉田径运动的人会发现，能包揽100米、200米冠军的优秀田径运动员有很多，但是能同时获得400米冠军的选手却基本没有。400米是田径赛中公认最难练的项目，对运动员身体素质要求极高，对运动员的运动智慧要求更高，它需要人体器官在大量缺氧的条件下完成最大强度的工作，还要求运动员能够精确掌控各个阶段的奔跑节奏。开始阶段一路领先，后半程基本没可能与前半段积蓄力量的对手抗衡。开始阶段不能紧紧跟随，待到最后百米冲刺会因差距过大而功亏一篑。体力的合理分配就是制胜的关键。有时候有劲慢慢使也是一种智慧。竭泽而渔则鱼不复生，限量捕捞却年年有鱼。

我们还要学会控制投入和产出。投入和产出比不单是一个经济问题，也是一个心理问题。当我们决定一个新目标、选择一项新工作、开始一段新历程，我们需要在内心做一个量化的预期，因为这个选择，你需要投入多少，经过一番努力，收获又有多少。我们不必那么功利地用金钱来衡量一切，因为有时候精力的付出也是巨大的投入，经验的获得也是一种宝贵的产出。所谓的控制投入产出只是希望你面对纷繁复杂的诱惑能有所取舍，能够“不折腾”，能够保质保量地获得辛苦付出的回报。

初入社会的我们，血气方刚、感情充沛，所以锐气十足、闯劲十足，却常常不懂进退有度，得失有定数。我们要在社会的历练中养成气度，成就心胸。凡事不急于表达态度，不急于获得结果，也不急于取得收益。心态放平、眼光放远、气度放大。如果我们连自己都控制不了，又谈何改变世界？如果我们连结果都不能预期，那就空费了一场努力。

愿你我共勉。

◆ 自由与安定的博弈

中学的时候，身边有这样一些同学，他们非常用功。每当大家伙踏着铃声走进教室，他们早已朗读过外语和课文，复习过昨天的功课，预习了今天的学习内容。晚上我们晚自习结束离开，他们还伏在书桌上认真学习。到了大学，也有好些这样的同学，他们三更睡、五更起，每天就是教室、寝室、自习室。他们不聚会、不恋爱、不旅行，基本没有任何娱乐活动，与大多数同学生疏到毕业后我们甚至很难一下子叫出他们的名字。

可是，他们后来的处境却好似没有很好地回报他们的付出，大多只是找了一份稳定却普通的工作。就算同学聚会，也只是默默地坐在角落里。

大学毕业后很长一段时间，我都在寻找自己在社会中的位置，用颠沛流离来形容好像也不太过分。一段时间里，这些安稳的同学成了爸妈要我看齐的榜样。他们大多进了一个安闲的单位，很早就结婚生子。每当被拿出来作反面典型，我一点也不愠恼。虽然我一文不名，可我真的不羡慕他们。或许我不够优秀，但我相信我的人生不只有安稳一个维度。

首先我要讲的是，我不羡慕但我并非不屑和轻视。我不羡慕这些安定的人们，是因为我的脑海里有一个根深蒂固的想法：人生只有一次，如果我每日重复的只是一样的生活，重复万千人一样的生活，那我的存在毫无意义。

诗人巴尔蒙特说，为了看阳光，我来到这世上。每个人都有自己的精彩，要描绘别人不一样的风景，不要只作一个配角，为别人的精彩充当背景。

我从不畏惧改变。我常常鼓励妻再用功一点，要出国看看外面的世界。我常常吓唬她，如果我们只是天天在家陪女儿玩耍，不知道不断去改变、去充电，说不定哪一天女儿长大了我们会跟不上她的脚步。我也常常警醒自己，如果不能不断扬蹄奋进，眼睛不断装下新的风景、头脑不断地充实新的知识，等以后女儿长大，连吹吹牛皮都没有素材。

期望安定是人之常情。但是，我想我们期望的安定应该是内心对家庭的忠实、对理想的坚持、对未来的笃定，而不是期望有一个世外桃源，让你有限的生命可以安身于此、立命于此、长眠于此。

人要有所归依。这个归依叫作家庭，这份安定叫作亲情。家是温暖的港湾，不管外面是急风暴雨还是电闪雷鸣，在这个小小的港湾，你会心安。

人要有所成就。这个成就叫作奋斗，这份安定叫作事业。不一定人云亦云，更不必跟着别人的指挥棒前进，但一定要有安身立命的所长，这份事业能调剂单调的生活，抚慰失落的内心。

人要有所依靠。这个依靠叫作人脉，这份安定叫作圈子。一条线可以钓鱼，一张网却可以捕鱼。钓鱼常有断线的时候，网鱼却少有一无所获的情况。有一个稳定的圈子，就留下一个进退可守的堡垒。

平生最害怕肉身成为灵魂的羁绊。世事如网，无人可以脱身，不管情愿不情愿，你我都已身处其中。可是，我们的灵魂要自由。

我们要有自由的头脑。你之所以是张三而不是李四或王五，是因为你的独一无二。就算你不能有“说走就走的旅行”，可没有任何人可以阻挡你“看到哪就想到哪”的自由头脑。你的头脑属于你，而不是其他任何人。

我们要有自由的双脚。树挪死、人挪活。此处不留我，自有留我处。靠自己的双手吃饭，就算粗茶淡饭，我也甘之如饴。不必拾人牙慧，更不必捧食嗟来之食，勇敢迈出自己想迈出的步伐。

安定与自由好似一对悖论，想来却有可以共存的空间。“仓廪实而知荣辱”，没有坚实的后盾，所有的自由都是一句空话。饱食终日、不思所以则空有躯壳，难有内心。

不是每个人都通晓古今，不是每个人都有机会去踏遍九州，不是每个人都能人情练达，但我们却都可以多思考、多奋斗、多交友。

是不是可以努力让自己成为这样一个人：有坚定坚强的内心，有坚实坚硬的体格，有坚韧坚持的品格，有不人云亦云的高贵内心，有不亦步亦趋的铮铮铁骨。

不谈伟大，却一定要挺拔。

◆ 只有行动，才能解除你所有的不安

远在云南上学的小表弟就要毕业了。他告诉我临近毕业无所事事，因为毕业后不打算留在当地，所以也没有出去找工作。我约他到北京来玩耍，他高兴地把自己的QQ签名改成了“大王叫我来巡山呦”，兴高采烈地飞临北京。

起初的几天，他非常兴奋，把北京的名胜逛了一遍。后来就宅在家里，闷闷不乐。我感到很疑惑，不知道哪里出现了问题。我发现他的睡眠很差，有时候我睡醒一觉，他还没睡，要么就是开着灯发呆，要么就在黑暗里对着手机上网。

我们家的人好像都是心宽体胖的类型，没听说谁有失眠的毛病。难道是他心里有什么包袱?

后来我断断续续地问他，他就叹气，告诉我这个同学又去哪里上班了，那个同学又去哪里创业了，谁谁谁上学期就有单位追着签约，谁谁谁回学校的时候就开上车了等等。他不知道自己将来会干什么，他感觉到非常不安。

我说这有什么好不安的，北京这么大，找个工作还不简单。去网上找找，随便找个工作干干。他说不干，以后又不在这生活，没啥意思。我说那你回老

家去找个工作干干，他说不想回去，家里有人管，而且家里那边工资少。我问那你想怎么办，他说我不知道，就先这么待着。我觉得自己的头脑不够用——不满现实，又不想改变，那到底是要怎样？

我们都有过这样的感受，当我们沉浸在某一种负面情绪中无法自拔的时候，这种情绪的杀伤力会加倍。当我们有别的事情分散注意力的时候，负面情绪的影响会降低。所以，面对压力，要排遣不安，我们需要的是“行动”！

很多人面对就业，期望有一份自己非常热爱、与自己专业联系紧密、报酬水平高、能让自己安心奋斗一辈子的工作出现，就是他们口中所谓的“一步到位”。以我的经验来看，这真是太难了。单就“非常热爱”这一条来说，就是多少人可能穷尽一生都得不到的奢侈。大多数人最后对待工作都是“习惯”而不是“喜欢”。再说，有时候你喜欢什么也不是当时那个阶段你就能看明白的。毕业后我当过记者、做过公务员，在踏进某个职业圈子的时候，无一不是心怀憧憬、满心欢喜的。可是真正地从事了那一行，才发现我其实另有所好。比如，此时此刻，我感觉自己热爱的职业是“传道授业解惑”，也许待我有一天真的站上了讲台，我又开始有了别的打算呢？所以，为什么不先行动起来，先去做一份容易获得的工作？我们还年轻，不需要给自己划下那么多框框。也许这份工作你只能做一年，可是做一年有一年的收获。有了这个平台，你就有了跃升的跳板，就离你最后想为之奋斗一生的职业更近了一些。少一些挑拣吧，机会是做出来的，不是挑出来的，更不是等出来的。

还有婚姻，身边的大龄青年越来越多。而且细细看来，好像他们所谓的“条件”都不错。大概是刚开始的时候都不着急，一直在等待“上天赐予的美好姻缘”。后来，没有等来如意郎君，就慌了手脚。赶场似的相亲，可又设下高高的门槛，一个一个地拒人门外，眼看着过了三十，终于不挑不拣了，可是选择余地也没多少了。一直在看，一直在选，却从没有行动，这真的是在拿着自己的幸福和自己较劲呢！以一个俗人的眼光来看，我们很多朋友最后选择的伴侣真的不如他（她）本人出色。可是，这些朋友却真的是很幸福的，要么就是夫唱妇随，要么就是齐心奔富。见得多了，仔细琢磨一下，慢慢明白了一件事。爱情和婚姻真的是一个磨合和相互妥协的过程，千万不要急于拒绝和否定。你不勇敢地走出第一步，那什么时候能到达幸福的彼岸呢？不要老是抱怨没有“适合的”，你连“试”都没有，谈什么“合”呢？坐在家里等不来缘分，张开你热情的双臂吧，最适合的那个人就在前面等你。

现实和理想总是有一段不长不短的距离。如果你只是隔岸远望，那你的期望永远只能是海市蜃楼，近在眼前、远在天边。可要是你行动起来，也许理想和现实之间的距离只是一泓清水，不过一步跨越的距离。

“道虽迩不行不至，事虽小不为不成”。如果你对未来充满了不安，不妨先从眼前的事做起，做好一件是一件，先让自己行动起来。用行动淡忘不安，用行动化解恐惧。也许，没多久，一切就会改变。

◆ 向钱看没错，但不要迷失自我

前几年，流行一句话叫“有钱没钱，回家过年”。我觉得，过年回家是一定要的。中国人过节其实过的是一种亲情，不回家，过节也就没了味道。可是，有钱和没钱回家的感觉真的是不同的。大包小包地走亲访友，得到的笑脸也多。“君子之交淡如水”是真的，可是“礼多人不怪”也是真的。

衡量一个人价值的尺度有很多，金钱无疑是重要尺度之一。名利相较，中国人好像一直更看重名多一些。“光宗耀祖”“功成名就”好像都是在强调精神上的高度满足。一个简单的对比就是，知道范蠡的人一定要比知道陶朱公的人多得多。范蠡辅助勾践灭吴取盛名，携西施归隐得巨富。可几千年来人们提到范蠡，好像真的没太多人在意他有多少钱。不过，回头想想，那个时候有钱和没钱好像也没太大区别。如今可就不同了，生产力水平越高，贫富差距越明显。我有个朋友，女，是扬州某局基层公务员。上学那会儿，她成绩优秀、性格开朗，形象气质佳，毕业后很快就端上了“铁饭碗”。可是她每次见到我都要大倒苦水，主旋律就是收入低。我很同情她，因为我感同身受。她说：“以前相熟的同学，不论现在做什么，收入都高出自己很多。因为穷，自己从前引以为豪的自信也不那么理直气壮。”

金钱可以增强自信，改善生活。刚上大学那一会儿，第一次到离家那么远的大城市上学，对一切都很新奇。作为一只一直生活在“乡下”的土鳖，在周末我们几人相约一起去刚开业的伊势丹商场。好似刘姥姥走进大观园一样，我们几个要拉帮结伙才有勇气踏入那个从外面看进去都能看到地板反光的地方，现在想想自己那个时候的样子一定很窘迫很好笑。装作若无其事，我们跟着旋转门走了进去，还没来得及侦察地形，几位训练有素的软妹子就来了一个90度的鞠躬，说了一声“欢迎光临！”我下意识地也欠了欠身，忽然发现明晃晃的地板上自己沾满灰尘的球鞋好刺眼。心里顿时很泄气，没头苍蝇一样地转了几步，借口都是化妆品用不上就“逃也似的疯狂跑出”。那个晚上，我们坐在路边一边等大妈做的白吉馍一边啧啧地感叹有钱真好。当时一起脸红的小伙伴们有的如今早已“高大上”，再回头看“伊势丹”也不过就是一家寻常百货而已。可是那个时刻，我们真心感觉到了内心的惶恐和卑微。人家都说金钱不是万能的，没有金钱是万万不能的。这种“不能”或许就是不能忍受那种“人有我无”的自卑感，举手投足都颤颤巍巍地不自信。有了金钱就有了进攻退守的底气，有了金钱就可以拥有有品质的物质生活，钱是好东西。

但金钱也不是万能的，需要用对地方。一个初入社会的青年，应该对金钱有一个更理性的认识。妻刚工作那会儿，她就职的银行给她的报酬让她超级满足。所以她不计较要跑几十公里去上班，不计较没有休息日，不计较要上夜班。看，金钱对人的驱动力就是这么强大。我要说的是，自从拿上了高薪，她就“迷失了自我”，仅有的休息日，扫货成了必需的功课，有用没用的东西买了一大堆，基本的论调就是“咱有钱了”。我曾经把这归结为“穷汉子乍富”，听到这里她愤怒了，直接把我定位为“穷酸，看不起人”。对此，我很无语。这几年，她告别了那朝六晚十的工作，重新做起了学问，好像又恢复成穷人的样子。菜市场买菜讨价还价，买个衣服还要店里试穿再去逛淘宝。我没问过她，不过就我看来，过得好像比以前还洒脱。那几年高薪的日子，妻基本上没有存下钱。后来我们去了一趟广安，看到很多孩子仍然是家徒四壁、缺衣少穿，虽然收入无几，可是她却找我商量要捐助一个孩子。说真话，我感到很吃惊。不过，我坚决支持了她，每年几百块钱还是有的。我觉得她真的正在变成熟，她做了正确的事。

不要在金钱中迷失自我。物欲社会，金钱带给人的快感如此强烈，难免就有人趋之若鹜。不得时苦思冥想，得之时纸醉金迷。曾经有这样一个统计，一夜暴富的彩票大奖中奖者十年后仍然保有财富的寥寥无几，大多数人在突如其来的财富面前不知所措。其实身外之物来去都是常事，可是由俭入奢易，由奢入俭难，最怕的就是沾染了一身财富带来的毛病，最后蹉跎余生，甚至不知所终。这样的悲剧一幕幕上演，闻者足戒。

“天下熙熙，皆为利来；天下攘攘，皆为利往。”追寻财富、追求更好的生活，是奋斗的动力也是奋斗的目的。但是一定要是“利为人生”，而不要“生而为利”。

◆ 我现在的人生，随时可以重新开始

我们形容一个人单纯，常常会说他（她）像一张白纸一样。当我们背起行囊、怀揣毕业证和梦想踏入社会，自己真的是一片空白，随时等待命运在上面写就我们的人生。这个时候的我们，因为缺乏经验、缺乏自信，常常会患得患失。尤其是好不容易有了一点点小小的成绩，就算别人根本看不到眼里，我们一样敝帚自珍，生怕会失去。

其实，失去了又能怎样？拍拍脑袋、揉揉肩、跺跺脚，手脚还在、头脑还在，那就好了，有什么可怕的？我现在的人生，随时可以重新开始，因为我们本来就一无所有，为何那么害怕失去？

这个时候的我们，最不缺的是朝气，是一股闯劲。记得还在上学的时候，每天六个小时的睡眠就精神抖擞，精力旺盛到不挥霍都觉得不好意思。每次学校有义务献血车我都去奉献爱心。献完血之后，护士嘱咐我24小时不要洗澡，不要劳累。第一次，上午献完血下午我就坐车去爬泰山，从红门开始一路往上，四个小时爬到山顶，租借个大衣在天街迷糊了一会，然后顶着清晨的寒风看了日出，又走了四五个小时走下来。第二次，下午献完血第二天就去了青岛洗海澡，水里扑腾够了，在沙滩上踢足球到傍晚。现在回想起来，真的感觉不

可思议。虽然现在我也常劝弟弟妹妹们爱惜身体，可是真的，那个时候的体力好到自己都不敢相信。所以，相信自己，我们有足够的身体本钱去重新开始。

曾经有个妹子说，所谓年轻就是不缺时间。是的，就像歌里唱的那样，“盼望着明天、盼望着放假、盼望着长大”，总是感觉时间过得太慢。一间屋子一张床，一个人吃饱全家不饿，我们有的是时间，有的是胆量。去奋斗啊，去闯荡啊，失败了又能怎样，我有青春！我有最最宝贵的时间，我就能再来一次，再再来一次。

年轻不怕失败，我们还有一颗愈挫愈奋的心。进入社会，本来就是一次打磨内心、磨砺意志的过程。如果改变是一个必然的过程，那就让这些挫折来得更早一些。通过磨砺，我们会变得更加坚定，对挑战有更加强烈的信心，不再逃避，不再闪躲，只为成长寻途径，不为失败找借口。

我们奋力去闯，失败了大不了换一个环境重新来过。今天没成功，那我改天再来过。北京没找到位置，我去上海试一试。天生我材必有用，足够勤奋、努力的我们，难道每时、每地都得不到想要的结果吗？我不相信。

很多同学非常珍惜自己的第一份职业，这种感情大抵和封建时代臣子忠诚于皇帝一个道理。“臣本布衣，躬耕于南阳”，“不以臣卑鄙，猥自枉屈，三顾臣于草庐之中，咨臣以当世之事，由是感激”，被人看重是一种幸福，所以我们拼命地去努力报答这份看重。可是有时候事与愿违，因为种种原因，我们发现自己并不适合这份工作，甚至不适合这个行业。所以我们会犹疑，会进退两难。其实，这些担忧都是多余的，对公司来说，一个心有余力不足的员工并不是他们想要的。所以，当你发现这里的位置并不适合你，不妨大方提出来。感谢公司给予你的赏识和看重，感谢他们曾在人生的十字路口接纳和包容你。给对方一个解脱，也给自己一个机会。这是最好的结果。

年轻真好，年轻意味着你还有更多的可塑性。谁都不是生来就会琴棋书画，六艺精通。谁也不是天生人情练达，内外兼修。我们都有自己的不足和弱点，可能通过一份工作、一次尝试我们能更清楚地发现自己的不足。我们真的应该庆幸，闻过则喜可不是每个人都能做到的大境界。我们改变不了世界，但是我们可以先改变自己。有一段话非常好："我们无法改变容颜，但我们可以展现笑脸。我们无法左右天气，但是我们可以改变心情。我们无法延展生命的长度，但是我们可以拓展生命的宽度。"

说得多好，我们才二十多岁，我们体力充沛、干劲十足、拥有人生最美好的时光，正是拼搏进取的年纪。走过弯路？怕什么，不用太介意，重新来过好了。

第7章

想改变的你，如何启动改变模式

◆ 得不得到，重点是看你做不做

某社交网站曾经举办过“校花”评选。好事者如我经常打开关注一下，看过几次之后总是大失所望，这和某年看国际小姐某赛区三强的照片一个感觉。任何一个从学生时代走来的男青年，心中总有一点淡淡的“校花”情节。说起来很奇怪，不管多年以后你再见伊人时她是不是已经人老珠黄、体态臃肿，你记忆里的那个“校花”一直都是最美的，超过后来你见到过的所有美女。这是一种心理作用，因为你念念不忘的也许不只是那个人，还有你那么懵懂和青涩的青春岁月。

那个时候我们对“校花”那么关注，甚至她们的一切都成了我们茶余饭后必聊的话题。“校花”的存在为我们枯燥而平淡的高中生活留下一点作料，每每回味还能想起从前的滋味。我们认定她们一定爱慕者众多，眼光高高在上，我们可望而不可即。高中的时候，我们口口相传的“校花”就在邻班。印象中她总是翩翩而来，娉婷而去，异常低调。尽管从来不曾见过“校花”与任何男生过从甚密，甚至是单独相处，但是我们一致认为“校花”一定有男朋友，而且一定是英俊而多金、聪慧而潇洒，处处高人一筹的，完美到让我等凡夫俗子只能远远地看。后来我们考入大学，很多同学多年不见，“校花”也不知所踪。大一时我们聚会，聊起心目中曾经的“女神”，得知的最叫人跌碎眼镜的事实就是，她有男朋友了，是我们眼中一个异常平凡的男生。更叫人惊讶的是，她还被平凡男甩了。我们只能慨叹，真是命运不公，真是没有做不到、只有想不到啊！这是“校花”耶，怎么可能有这样平凡的男朋友！怎么可能还被甩！

再长大一些，对世事有了一点自己的感悟，加上道听途说的小道消息，方能醒悟，也许“校花”根本没有那么多的选择，大多数青春期的男孩子都是敏感而自卑的，他们也许只是把她当作“校花”，而不是自己可以靠近的女孩。所以，她选择了谁都不奇怪。至于谁甩谁的问题，就和所有恋爱中的男女可能出现的情况一样，更是无须大惊小怪。我倒是对他男朋友肃然起敬，貌不惊人的哥们儿敢为天下先，敢想别人不敢想的事。最近一段时间，某新品牌手机连同它辅导班老师出身的老板一起，风头一时无两。配置一般、样式一般还有点土气的手机敢卖同级别手机三倍的价格，所以舆论一致看衰它。不过我倒是觉得未必有那么悲观。想当初，乔布斯乔不也是从一个电脑厂商转行做手机的吗？敢想别人不敢想的事，才能掌握先机。第一个吃螃蟹的人一定是胆子最大的人，有了谋略，再加上超群的胆识，一定会抢在别人前面。就好比一群势均力敌的人跑步，先跑的人一定会占尽优势。

还是来说说我们可爱的“校花”姐姐。我想高中那个荷尔蒙漫天飞的时间和空间，打“校花”姐姐主意的人肯定是很多的。但是出于这样那样的原因，就是没有一个人敢真的去追，以致“校花”姐姐空有美女之名，却总是落落寡欢。现实中，一样的例子比比皆是。毕业后我回到我们那小小的城市，有一次下班回家，我坐在公交车的椅子上，盯着前面一辆辆拥堵的出租车发呆。作为一个新闻从业者，我以职业的敏感一下子想到为什么大城市的出租车的后挡风上早就有了LED广告，而我们城市的出租车还没有？这难道不是一个大大的商机吗？我马上打电话给我开广告公司的同学。他一拍脑袋大喊一声好主意，说忙完手头的活就去跑各个出租车公司。结果他这一忙就是两三个月，等他终于忙完自己的事，约上我去各家出租车公司的时候，人家告知不久前刚刚和另一家公司签约，已经马上就要开始在车辆上安灯了。其实这事也怨我，我以为我们那里闭塞，也没有想到我们的对手下手这么快。所以，敢想是一回事，要想真管用还得是抓紧去做。

要坚持自己的选择。凡是需要我们犹豫的决定，都不是轻易能下定决心的决定，而且这样的决定一下，还特别经不起风吹草动。本来就犹犹豫豫，如果发展不如我们想象的顺畅，就更容易打退堂鼓。千万要说服自己，坚持。第一个吃螃蟹的人一定不知道我们现在吃个螃蟹还得准备七八样工具，他只能硬啃。可是如果他嘴巴被划破就放弃了，又怎么能率先品尝到“天下之鲜”呢？

别看我们现在阻力多多，等我们有了收获，我们可就扬眉吐气了，甚至可能一劳永逸。想想功成名就的时候俯视世界是一种什么样的感觉！得不得得到，关键看你想不想，重点是看你做不做，要件是硬着头皮干下去，收获就是分得最大一碗羹。

◆ 所谓的改变，必然是痛苦的

山姆大叔是当今世界上最强大的国家。好多人把大洋彼岸的土地视为天堂，一心做着美国梦。按说这样叫人神往的地方应该是秩序井然，人民无杞人之忧了。可本山大叔总结的也不是没道理："国外比较乱套，整天钩心斗角，今天内阁下台，明天首相被炒，闹完金融危机，又要弹劾领导，纵观世界风云，风景这边更好！"不管你是不是认同本山大叔的观点，但人家美国人就觉得是时候改变了。2008年，一位夏威夷出生的黑人贝拉克·奥巴马当选为美国总统。竞选期间，他竞选的口号就是"改变"。就职演讲的题目是*Change has come to America*，我曾多次看过这段演讲的视频，很多话都印象深刻。比如：他着重提到的"改变"，有这样一段注解："That's the true genius of America： that America can change. Our union can be perfected. What we've already achieved gives us hope for what we can and must achieve tomorrow."（这才是真正的美国精神——美国能够改变。我们的联邦会日渐完美。我们现在已取得的成就为我们将来能够取得和必须取得的成就增添了希望）。你看，最强大的国家都把改变当成前进的动力。世界上没有任何一个个体和组织能够恒久不变却保持先进，如同"世界上唯一不变的事情是变化"一样，我们无法抗拒变化，就要适应改变。

每个人都有畏惧改变的惰性。改变这件事之所以困难，很大程度上是由于我们每一个人都有与生俱来的惰性，图舒适、好享乐、畏惧困难。毋宁说是改朝换代一样的翻天覆地，吃饭睡觉这样的小事就可以管中窥豹。每天下了班，托着疲惫的身躯回家。洗菜做饭吃饭，忙忙叨叨弄完已经是八点。这个时候最想要做的事就是赶紧躺下歇歇。可是最可恶的事情是，竟然还要刷锅洗碗。妈妈总是催促我说吃完接着刷碗比较省事，等你歇一会就更不愿意动，而且污渍都凝固了，刷起来就要多加一倍的力气。我觉得她说得很对，可是每当酒足饭饱，我还是懒得动弹，还是改不了要躺在沙发上歇歇的习惯。我算是比较勤快的男生尚且如此，那些十天半月不刷碗的小伙伴们就可想而知了。行为一旦成了习惯，就变得难以改变。人生、社会都充满了这样的“习惯”。有的时候，“习惯”僵化到一定程度，就必须去改变。就好像家里的下水道，起先只是水流慢了，还能将就，可有一天它真的不通了，难道你还要等着污水上溢吗？

世界上没有不疼不痒的改变，总得付出点代价，可也一定有所收获。拖着吃饱了的身躯去刷碗，你首先就要和自己的万般不情愿做斗争。要想上班不迟到，你就要在早晨试着对你的床铺决绝。如果要破除社会的积弊，你就要和既得利益做抗争。社会的演进就是改良变革命的往复循环，人的成长就是痛楚加记性的交替前行。不论是对事还是对人，这个世界上就没有不痛的改变。就好像骨折后的接骨手术，如果发现骨头长偏，就得断开再疼一次，重新接起来。不然，任由错骨生长，不但手脚弯曲，可能行动都要受限。但是，假如你忍着痛苦有了改变，凡事可能会更长久。以前的时候家里的网线常常断线，和大多数人一样，起先我的处理方法就是打电话、找业务员上门。可电话打了无数、脾气发了不少、业务员来过多次，问题总不见根除。当我威胁要换别家宽带时候，他们终于派来了一位专业的工程师。知道请佛之难，所以我多了一个心眼。从查线开始，到测试、调试全程，我都跟在后面仔细看，连眨眼的工夫都不敢有。网线的故障终于解决了，我边看边问，工程师走后又找了相关的资料来补习，总算把来龙去脉和解决方法彻底掌握到手。相比打个电话等人来解决确实是麻烦了一些，可是这种改变的结果就是我再也不需要和客服发脾气，再也不需要去看业务员的心情陪说好话，靠自己就一切搞定。虽然我这样的方法是笨法子，可是在当前的社会环境下可真的是很好用呢！自己动手，丰衣足食。

穷则思变、变则通、通则久。再不食人间烟火的人，被生活逼到绝境，也有穷途之哭的时候，平民百姓生活中的不如意就更别说了。个人如此，社会亦如此。战国之初，西秦发展水平比照山东六国那根本不是一个数量级，眼见群雄环伺，秦孝公任用卫人商鞅力推变革，破除积弊。虽然触犯旧贵族的权益导致民怨四起，甚至最后商鞅都难免身死族灭的悲剧，但是秦国自此强大，一百多年后统一六国。不得不说，这是变革的力量。

这个世界上，改变是躲不过的。而且改变到来的时候，都很痛。不过一旦你选择不畏惧改变，勇于去改变自己，经历过初期的坎坷，你一定会发现自己的天地比从前更宽、路比从前更平坦。

◆ 只要你跨出一步，就离成功更近了

“千里之行，始于足下”是我们耳熟能详的句子。“成功”这么伟大的词汇，我们望向它的时候，总是感觉它距离我们好远。远到很多时候使我们松懈了坚持下去的勇气。可是世界上总没有一蹴而就的事，就算是那些彩票巨奖获得者也绝少是一次投注就能揽获巨奖的，更别提一个个励志偶像的成功故事了。

关于成功，最可贵的是脚踏实地，最忌讳的是好高骛远。如果你能有一颗见微知著的心，有永不言弃的精神头，你一定能在自己梦想的人生道路上有所成就。有时候并不是成功离得太远，而是你连迈出第一步的勇气都没有。只要你跨出开始的第一步，就离成功更近了一些。写这本书的时候，身边的事情头绪繁多，深感自己分身乏术，头脑空空的时候有之，提笔忘词的时候有之，下不接上的时候有之，甚至深感江郎才尽的时候也有之。可我常给自己打气，没思路的时候就先起头，迈出了这一步，有时候思路就顺着言语流淌了出来。世上的事情可能都有类似的效果，“万事开头难”，把难关顶过去，前面就是一马平川。

寻找一个积极向上的环境。孟母三迁的故事大家都耳熟能详，这个故事叫

我们见证伟大母爱的同时，也侧面印证了“近朱者赤，近墨者黑”的道理。你有没有发现成年之后你和很多童年的小伙伴渐渐疏远了？你有没有发现很多曾经以为牢不可破的友情随着时间的流逝慢慢转淡了？人家都说“物以类聚，人以群分”，其实就是这么个道理。你和一个细心的人生活在一起，你的生活渐渐变得井井有条，你和一个浑身酒色财气的人在一起，对你也一定会有负面的影响。迈向成功需要许许多多的条件，选择一个积极向上的环境是必不可少的要素之一。这个环境既包括衣食住行等硬环境，也包括人脉、性格之类的软环境。这就好比普通公路和高速公路的区别，找到一个积极的环境，你的人生就迈上了快车道，成功也就变得可期。

找准一条你愿意为之奋斗的道路。人家都说“只要路是对的，就不怕路远”。反过来讲，如果路根本就是错的，南辕北辙，走得再快又有什么用呢？在你迈出第一步之前，选对路径是首要的工作。什么是“对”的路，一千个人有一千个答案。我认为所谓“对”的路，第一要是“正道”，是能够依靠自己的勤奋满足我们生活所需的路，千万不要垂涎所谓的利润和回报，就把心思往歪门邪路上使。其次它应该是你“喜欢”的路。我们都有深切的体会，对待我们中意和向往的事情，我们付出再多也在所不辞，取得的效果一定是事半功倍。对待我们兴趣不大的事情，我们内心总是充满了懈怠和敷衍，往往耗费了时间和精力却事倍功半。最后，这条路应该是能够带你走向幸福的路。我们都应该心怀远大的理想，也都应该注重现实的需求。阳春白雪解决不了衣食住行的难题，柴米油盐才是生活的主旋律。说实话，我不太欣赏一心“务虚”、侃侃而谈的伙伴，我更欣赏不言不语，“穷则独善其身、达则兼济天下”的实干家。我们的努力既应该帮助我们靠近理想，也应该能够带给我们的家人幸福的生活。

目标放长远，工作重细节。所谓理想，所谓目标，就应该是需要努力和争取才能得到的事物。如果得到它们如探囊取物一般容易，那就算不上是理想和目标了。既然如此，不妨把理想和目标定得高远一些，这样高屋建瓴才能指导自己的生活。当理想和目标树立起来，我们需要用行动去实践它们的时候，眼高手低就万不可取了。心中应该常常绷紧“一屋不扫，何以扫天下”的神经，把手头最现实的事情做好，一点一滴地去积累，等到你的付出到达一定的程度，可能成功就不期而至了。这就是别人所谓的“厚积薄发”的道理。

安心等待属于你的机遇到来。我们常常有这样的感受，我们日复一日做着已经有些倦怠的工作，重复着略显平淡的生活，感觉不到出路。可是平凡的生活中间某一个机遇会突然闪现。如果我们没有坐视它溜走，可能生活一下子就有了转机，之前一直积累起来的能量一下子就能迸发出来，推你大步奔跑，敲开理想殿堂的大门。俗话说，“有福之人不用忙”，我觉得加上“勤奋之人不用急”就完整了。不用去想距离成功还有多么远，也不用抱怨属于你的机缘还没出现。等待本身就是一种迈向成功需要具备的素质。“耐得住寂寞才能等得来幸福。”把心放到肚子里，命运不会亏待对理想虔诚、为成功准备、为未来付出的你。

机遇青睐有准备的人，命运青睐踏实勤奋的人。勇敢坚定地跨出行动的第一步吧，可能过程和旅途是寂寞的，可是只要坚持下去，也许成功就在下一个街角等你。

◆ 忽视了过程和旅途，失望是在所难免的

毕业几年后，你眼看着曾经一起长大、一个饭桌吃饭的小伙伴们经商的经商、从政的从政、做学问的做学问，没几年就都事业有成的样子。再看看自己却感觉和他们差好远，心里就有点惶恐。闲来无事，总有淡淡的失落和悲伤。

在这个关口，人的心态容易走向两个极端。有的人懂得“临渊羡鱼，不如退而结网”，“知耻而后勇”，起步晚了就使劲跑，慢慢赶上了大部队，最后可能还抢先撞了线。楚庄王“三年不飞、一飞冲天，三年不鸣、一鸣惊人”就是这样的励志故事。而有的人就开始怨天尤人或者自怨自艾，因为一步跟不上导致步步跟不上，最后被人远远甩在身后，被人淡忘。

成功不是天上掉下来的，是靠努力得来的。我始终相信，命运青睐的是勤勤恳恳“俯首甘为孺子牛”的实干者，而不是“伸手抓星星”的理想家。你看得到成功者人前的光环和被镁光灯环绕的荣耀，却看不到人后他们栉风沐雨、披荆斩棘的奋斗。妻从事过与体育相关的工作。在她的讲述里，我听到了很多冠军不为人知的故事。2008年在北京奥运会上为中国夺得首金的女子举重冠军陈燮霞，父母是广东乡下地道的农民，全家为了供她在外训练比赛，举债数

万元；男子举重56公斤级金牌得主龙清泉，打小一家靠父亲杀猪卖肉生活，为了贴补训练费用，不愿和家人开口的他在训练之余去捡废品；女子跳水双人十米台的冠军之一王鑫，其父母都是下岗工人，靠在汉口黄石路夜市摆地摊为生……身为运动员的他们，一边勤奋训练，向人类的极限挑战，一边要克服伤病等不利因素的影响，一边还要和贫困作斗争。当他们胸挂金牌满含热泪站上领奖台的瞬间，我们看到了他们光彩夺目的一面，但是“台上一分钟，台下十年功”，背后他们付出的辛劳又有几人知道?

努力不一定能得到想要的结果，但是一定能有所收获。妻说，与这些最终“练出来”的运动员们相比，更叫人心疼的是很多没有能够获得理想成绩的运动员们。他们一样努力，他们一样勤奋，但是最后的结局却和“成功”的运动员们大相径庭。很多人都是辛辛苦苦十几年，最后拖着一身伤病、拿着微不足道的安置费用回归社会，迎接残酷的竞争。他们很多人文化水平不高，没有一技之长，连对社会的了解都很懵懂。当退役的时候，他们就如同“早产”的胎儿一样，一下子被推入到社会的大环境中，适应起来需要经历怎样的磨砺和艰辛呢？妻说，尽管如此，很多运动员都在长期坚韧的训练锻炼中养成了不服输、不信命的品格，他们没有被残酷的生存条件所击倒，大多数人都选择了直面人生。

有一位曾经在CBA小有名气、被人称作“姚明接班人”的篮球运动员，因为种种原因没有像姚明一样成就辉煌的篮球人生，但他退役后不等不靠，决心用自己的双手创造新的美好生活。因为喜欢车，他最终到一家汽车专卖店做起了汽车销售的工作。也许这份工作远没有做球员时候那么光彩夺目，收入也不可同日而语，可是他说他就是要用自己行动证明，运动员离开赛场之后不用国家操心，自己也能过得丰富多彩。看看，这是一种什么样的精神！我们选择了自己的人生之路，并不是每一个人都能到达预想的高度，可是就算我们因为这样那样的原因只是走到了半山腰，也应该感恩这段过程和旅途。确实，顶峰有无限风光，可半山腰也有半山腰的风景，半山腰也有半山腰独到的魅力。

用尽力气，不要给人生留下遗憾。我一直觉得，世界上最最可怕的感觉叫作“后悔”。那些分别多少年之后再去寻找当初爱情的故事催人泪下、赚人眼泪。可是这种感觉一点都不好。人应该掌握自己的命运，为自己的命运负责，在可以改变人生方向的时候掌握好。有的时候，面临抉择，我们觉得自己别无选择，放弃了很多本可以抓住的机缘与机遇。直到很多年以后才幡然醒悟，原先咬咬牙就能得到的，就那么轻易地从指尖失去了。无论抉择之时你感觉自己的境遇是多么窘迫、前途是多么遥远，不妨咬一咬牙挺过难关。很多时候，那所谓的困难没有你想象的那么可怕。我们感觉无力应付一波一波涌来的难题的时候，假如勇敢去解决它，也许结果并不会如你想的那么不堪。为了人生不留遗憾，我们要拼尽自己的全部。

忽略了过程和旅途，一心等着命运的眷顾，就好比是缘木求鱼，不但注定失望，还可能搭上宝贵的韶华与春光，得不偿失。

◆ 情商高比智商高更重要

毕业后，头一天去单位上班。同部门一个我同校的师姐和我聊天。先是交代了一些工作上的注意事项，然后我们就开始聊我们的母校、我们曾生活四年的城市。说了好久，特别开心。师姐要出去采访了，临了，她欲言又止，犹豫一会，最后还是悄悄告诉我说，和某某一起共事一定要注意，她这个人比较喜欢叫别人“别扭”，尤其是有领导在旁边的时候。那个瞬间，我差点哭出来，这是什么样的感情啊，初次见面就有人这么关照自己。

后来我发现，师姐说得很有道理。此同事就是别人嘴巴里的“人精”，削尖脑袋往上钻，大家提起她的时候，有几多反感还有一丝难以名状的“羡慕”。其实，就这几年的情况来看，我并不觉得她有多么叫人崇拜，处境也不见得有多好。我觉得，一个真正的“高手”是不动声色就成功如探囊取物，力量蕴于无形就能制敌于千里之外的人。这种叫人“羡慕”的人说到底其实并不聪明，情商也不见得高。

从小学到大学，身边总有几个智商超群的同学。他们用我们一半的功夫，却能得到比我们好得多的成绩。实事求是地说，我们必须承认我们身边有一个叫作“天才”的群体存在，他们智商超群，叫普通人自惭形秽。“天才”的存在，是天赋异禀，更是个体差异。就如同出身不能选择一样，人的智商虽然可以后天训练，但是先天的因素却是占大头。认识到这个现实，我们就不必为自己大众化的智力水平而自怨自艾。你所羡慕的“天才”也许并不乐于接受自己是个“天才”的事实，我们能作为大众的一分子，知足即可。如果能把自己的聪明才智都用到我们所专注的事业上，我们也一样能有所成就。

和人的智商不同，人的情商却是后天培养居多。这种后天培养，得益于父母的言传身教，也得益于周围环境的耳濡目染，还得益于人自身的观察体味。和一个高情商的人共事，是一种幸运。人们评价我师姐那样的同事，就不是滋味难言的“羡慕”，而是一种“钦佩”的语调和“舒服”的感觉。这样的人能够体察你心里的摇摆与起伏，能抚慰你内心的忧伤与慌乱，能关爱你的境况与际遇，能够指引你的人生与路途。和他们有缘相遇，是一种幸运。

智商和情商是一个人综合能力的两个方面，但是对人的影响却不尽相同。20世纪七八十年代的中国，有一个群体是名副其实的明星群体，他们叫作中科大少年班学员。这些早慧的孩子早早地进入了大学接受高等教育。顶着“神童”的光环，他们走上了不同的人生道路。虽然最后很多人在学术上取得了很高的成就，但他们普遍情商一般，也没有出现过一个顶尖的领军人物。而我们耳熟能详的那些商界领袖、政界精英、学界大咖，之所以能够被人记住的，一方面是因为他们专业水平出众，另一方面更得益于他们杰出的处事能力，也就是所谓的“高情商”。

这个世界上的女人，能够智慧与美貌共有的凤毛麟角。在我们身边，能够同时拥有高的智商和情商的人也少之又少。有的人名牌大学毕业，顶着博士、硕士的光环，做着高技术含量的工作，却言语莽撞、缺乏耐心，动辄言语伤人，时不时拆人台面、抢人道路。这样的人，这几年见识过很多。还有一群人，他们油嘴滑舌，善处关系，精于世故，八面玲珑，把所有的心思用来搞好关系、维系情谊。待到你真的需要他攻坚克难、排除障碍的时候，他们却头脑空空，水平了了。工作后，遇到的这类人也很多。前一种人，可敬而不可亲，后一种人，可亲却不可敬。

从上大学到现在的十几年间，走过好多地方，做过好几份工作，接触过形形色色的人，当然也有三五好友、很多领导同事。台面上背地里被人品头论足过无数次，最叫我得意和满足的评价是我一个朋友给的："你是一个智商和情商都很高的人。"我常常得意，这得是多么高的褒奖。

不要对提升两者没有信心。如果我们讲狭义的"智商"，那提升起来不太容易，可要是我们把它理解成"知识、技能、本领"，我觉得就有很大的提升空间。至于"情商"，我觉得只要记得一句话就可以了，"做个有心人"。我们应该多学习别人的思维方式，能够冷静、客观、理智，多观察别人的言谈举止，做到细心、热情、周全。点滴提高，努力做一个"既可亲有可敬"的人。

◆ 大多数人的问题，不过是一懒二拖三不读书

我属于很谨慎的人，秉持“静坐常思己过、闲谈莫论人非”的原则，极少去讨论别人尤其是身边朋友的事。但要是三五好友相聚，酒过三巡，总有管不住嘴巴的时候。今天小酌一杯，说个我朋友的故事。

这个朋友特仗义。我小时候父母工作忙，常常放了学家里还没人，他就常拉我去他家。但是这些年他和我们几个小伙伴渐渐联系少了，不是我们不带他玩，而是每次叫他他总是推脱，久而久之就不愿叫他了。其实，就如同我们每个人都有的经历，很多儿时的伙伴后来就慢慢疏远。这种疏远有时候不仅仅是因为所处环境的遥远，更多的是因为心理上的隔阂。鲁迅先生和自己笔下的闰土，就是最好的例证。当然，鲁迅先生和闰土境遇的差异，更多的是由于那个时代背景下两人所处不同阶层导致的。而我们身边的例子则更多的是由于内心隔阂而导致的疏远。

我的这个朋友，人是好人，就是不爱读书。好不容易捱到高中毕业，出了校门就进了工厂，我们走出校门开始工作的时候，他都已经算是“老工人”了。到了工厂，因为没学历也只能干些体力活。我们读大学的时候很羡慕他早早有了收入。可是这几年，眼看着身边的朋友一天一个样，他自己仍

然守着冷冰冰的机器做着日复一日的工作，他的心理就有了一些变化，和我们就少了联系。

另一个一起长大的小伙伴说，大家走了不一样的路，疏远就成了彼此之间不可更改的宿命。感慨之余，觉得真是这样。当年在我们被人欺负的时候挺身而出的大哥如今却成了一个沉默寡言的中年人，当年一起骑自行车远行、“探险”的好哥们儿现在却总是不愿意和我们相见。这是我们从未料想的结局。我们自认为朋友之间不用在乎名利的差距，可是坐定来看这却是典型的“胜利者思维”。两人下棋，赢棋的人不倨不傲地和输棋的人复盘，这叫谦虚。可输棋的人能有多少耐心和自尊去面对赢棋的人的“指教”？所以，我们也都慢慢释然。

是什么使一起长大的一伙人，差距这么大呢？有客观的原因，比如父母的教育、家庭的环境等，但是更多的还是个人自己的原因。

这几年自己经历的事情多了，真心感受到了读书的好处。读书这件事平时显示不出太大的效用。可是真的有了事，比如遇到了官司，读了书的人就算不是法学出身，对基本的事理也有一个判断，什么该做、什么不该做，怎么做才能最有理有利，我们会请律师，会参考人家的意见，但是我们自己也能做决断。读书的好非要亲身经历才能体会。它能给你打开一扇窗，窗外五彩缤纷，你喜欢哪种颜色都可以努力去拥抱它。这扇窗户创造不了颜色，但是窗户的打开给了你拥抱外面世界的机会。反过来说，千万不要因为暂时没有体会读书的好就放松了读书。

虽然有这样那样的缺点，但是我认为懒惰才是他人生不如意的根结。我们小时候上学不比现在的小朋友，印象中，我整个小学阶段，九点前是一定做不完作业的。每天放学之后，我最怕的事就是停电。一旦停电，就要挑灯夜战，现在想想还头疼。可是我总是能在八点前听到他在外面玩耍的声音。原因无非是两种，一种是作业应付完成，第二种是作业没有完成。就算应付完成的，听他说也是抄别人的时候居多。高考前，老师劝他是不是考考空乘、主持之类对文化课要求比较低的专业，他答应得好好的，说要和爹妈商量，然后就消失了一个周，等他从外地“游学”归来，和家里商量好了，人家也报名截止了。他倒也不以为意，仍然优哉游哉。类似的事情太多了，以至于约时间他能准点到、出门他能一身干净衣服、说事他能不磕巴我们都觉得不正常。

二十多年前的中国家庭，大体都是一样的，一桌一椅一床而已。但是我去这个朋友家就觉得他家和我家比起来，好乱好乱。我朋友的房间更是和他的外号“野猪”相配，就是个“猪窝”。小学三年级，我们开始写作文了。老师说写错了字不要紧，划掉即可，千万不要涂成“黑蛋”。我这个朋友偏偏不听，动不动就是一团一团的黑色墨水。所以，他的作文总是勉强及格。某同学曾评价我这个哥们，亏得他去了工厂，要是叫他坐办公室，他那个邋遢劲还真是坐不住。话虽然不太中听，可是想想也不是没有道理。

谁也不是天生就聪明勤奋、能文能武，都得从小培养和磨炼。即使我们勤奋不辍，也不一定能变成自己想要成为的人，要是再一懒二拖三不读书，那这辈子就真的没啥指望了。

◆ 最可怕的莫过于不安于现状却没有重新开始的勇气

许多年间，社会上流行考公务员，许多人挤破头地往政府的门里钻，也不管自己是不是有“为人民服务”的热心和能抵挡“酒色财气”的盔甲，反正就是为了“铁饭碗”而“铁饭碗”。我的很多朋友都在这个时候考进了政府部门，成了“公家的人”，像人家打趣的那样“过上了幸福的生活”。

这几年，眼看着“公考热”降了温，很多职位还常有招不满人之虞，不禁叫人感叹，真是此一时彼一时啊。有次同学聚会，遇见了在我们当地某局工作的同学A，问起他现在的生活，他一个劲儿地唉声叹气，说不仅“灰色收入”一点没有，连福利待遇也比以前大打折扣，时不时还要免费加班“无私奉献”，感觉日子过不下去了。问他将来有什么打算，他说上有老下有小，要供房要养车，想转行基本不可能，仕途上也看不到前途，只好耗着，他把自己的状态归结为“混吃等死”。

这个词不太好听，但是却很贴切，我想可能很多人都处在这样的状态。我们抱着改造世界的决心踏进社会，期望着有一天实现自己的宏图大志，希望就算不能衣锦还乡、光耀门楣，至少也得安享富贵。可是天总不遂人愿，几年下来，有的人连吃饱穿暖的问题都没解决。有的人还憋着一口气在努力拼、用力闯，可很多人就把“命运”搬出来了，“我没那种命”之类的论调就开始粉墨登场、堂而皇之。

既然为自己的懈怠和消沉找好了借口，那一生庸碌也就变得可期和必然。

命运没有定式，要敢于重新来过。上中学的时候，我们解几何题，总是不得要领。抓耳挠腮不得其门而入的时候，一旦有了一星半点儿的思路，就会忙不迭地写下来，然后一步一步往前推，心里战战兢兢，就怕中间卡壳。一旦推不下去，心里就开始打鼓。拼命在中间的节点左右思忖，希望能突破这个关口，一举拿下难题。有时候这种尝试有效，有时候却不行。我们最最不愿面对的就是努力半天的结果是错的。哪怕确实找不到好办法了还是不肯放弃，宝贵的时间和脑细胞就浪费在了错误的推断上。

这种事情像极了成年以后的人生，很多时候我们觉得自己先前选择的路是错的，心里已经跟明镜儿似的，可是看看已经得到的，却不舍得改变，没有重新开始的勇气，生怕一旦改变连现在得到的也没有了。犹豫之间，时间倏然一瞬，转眼已经垂垂老矣，错过了可以改变的时节。如果周树人还在按部就班地做一个医学留学生，也许中国会多一个平平凡凡的医生。可是他扔掉手术刀拿起笔立志“医国人内心之疾”的时候，已经注定了中国现代文学史上一个丰碑式的人物的诞生。周树人和鲁迅，在肉体上是一个人，灵魂上却处在不同的世界。个人的一次抉择，展示了思想的力量，影响的是整个中国文学史的走向。

怕什么呢？很多人之所以不愿意放下已经拥有的一切，无非就是害怕改变之后的所得比不上所失去的。我觉得事情不能这么看，就算你重新开始后没有达到你期望的位置，你的人生也不再留有遗憾，你的人生也会更加丰富和完美。很多的收获不是看得见摸得着的名和利所能衡量的。1993年秋天，美职篮历史上最伟大的球员迈克尔·乔丹发布了一条令人震惊的消息：他要离开篮球场，退出美职篮。为了完成父亲的遗愿，他放弃如日中天的篮球事业，前往美国职棒大联盟芝加哥白袜队打棒球。在棒球队，乔丹过得并不开心，一个赛季下来，他所交出来的数据也不过是区区2%的打击率、3次全垒打、30次偷垒成功和11次失误而已。这样的数据已经注定他无法继续从事职业棒球运动。尽管受到了挫折，而且一直只是在职棒联盟的次级联赛打球，从未打过职业大联盟比赛，但乔丹毕竟实现了他作为一个职业棒球手的梦想，也实现了父亲的遗愿。回首这段经历，他说："从篮球场走到棒球场，很多东西都应该发生改变。以前我要锻炼自己的指尖力量，现在要看肩膀韧性和手臂的功夫了，每天要练习击球，前向后引34盎司重的球棒300至400次，我总是每天凌晨6点钟就开始和队里的助理教练一起练球一两个小时，然后再跟全队参加全天的训练，最后结束训练回营的总是我和助理教练，两年的春训我就是这么度过每一天的。如果有人不相信我决意打棒球是严肃认真的，那是因为他们还没有看见我那些起早摸黑训练的日子，还有我滴血的双手。"后来，乔丹重回篮球场。被问到是否后悔作出那样的决定时，他斩钉截铁地表示："我绝不后悔！"看，这就是乔丹。

我并不是篮球迷，但是我欣赏和崇拜乔丹，他的伟大并不仅仅在于他的篮球天赋，更重要的是他非凡的人格魅力！伟大如乔丹，都能承受"上帝"到"龙套"的改变，更别说芸芸众生如你我了。所以，别想太多，勇敢迈出重新开始的第一步吧。

如果你对现状不满意，或者希望开始一段新的旅程，那就抛开所有束缚，轻装上阵，从头再来。命是自己闯出来的，命是靠勇气开拓的，命是靠不懈的奋斗争来的。千万不要只有想法而畏缩不前。命运是最公平的评判师，你怎么对待它，它就会怎么回报你。

第8章

你必须很努力，才能看起来毫不费力

◆ 成功只有一种，按自己的意思过一生

成功只有一种，就是按照自己的意思过一生。这是畅销书《明朝那些事儿》最后一部的最后一句话，也是这部书最叫我记忆深刻的一句话。我掩卷长思，感慨良多。

日本有一部电影叫《被人嫌弃的松子的一生》。松子大学毕业后当上了安分的中学教师，天性善良的她因包庇盗窃的学生而被学校无情地辞退，之后她与一位郁郁不得志的作家同居。后来男友自杀，她与男友的竞争对手产生恋情，却压抑不住地去找了他的妻子。被抛弃后松子成为当地最有名气的妓女，她不堪忍受当时男友和密友的背叛而将男友杀死，逃亡到东京后结识了理发店的理发师并同居。但警察的穷追不舍使松子离开爱人开始了长达八年的漫长牢狱生活。她幻想着出狱后能和理发师再续前缘，再不分离。出狱后，松子却看到理发师已有妻子和孩子。后来，松子与当年包庇的学生重逢，尽管常常被打得鼻青脸肿，但是他们还是相爱了。只是这个学生看到自己不能给松子幸福，悄悄离开了松子……松子孑然一身，渐渐与世隔绝。53岁的松子走完了自己轰轰烈烈的“传奇”一生。

松子是悲剧的，她穷尽自己的一生都在追寻她期望的幸福，当爱情到来的时候，她义无反顾，心中从没有自己，现实却没有给她相应的报答。老去的时候，她孤苦一人，孤独地离开这个世界。

旁观者都满怀唏嘘。但是也有人说，松子是幸福的。因为她曾深深地爱过。她努力去追寻爱，也得到了爱。尽管最后的结局不是那么圆满，但是这种追寻、这种获得又是几个凡人能够得到的呢？

我们大多数的人，都在为别人而活。

高考之前，大家都在讨论上大学之后自己要选择的专业。其实那个时候我们都很懵懂。什么是金融学？什么是汉语言文学？我们只能看着名字去猜想将来要面对的学业和前途。于是，我们很多人都听从了父母的意见，去选择了一个自己并不了解的专业。我的朋友A就听从家人的建议选择了金融学。

大多数的人，包括A，在很长一段时间内都很难排解对一个不甚喜欢的专业的抵触情绪。不了解这个专业而选择了这个专业，不喜欢这个专业而学习着专业的知识，不热爱这个行业可能会一辈子从事这个行业。这，就是和A类似的同学们面临的困境。

只是，很少有人去改变。因为他们不知道要如何改变，要变成什么，要怎么承担这种改变的后果。他们都退缩了。于是，还是日复一日地重复那种失落，慢慢地，他们就麻木了。

和别人不一样的是，A是一个不畏惧改变的人。第一学期结束后，看着自己成绩单上惨淡的成绩，A不知道这样下去要怎么收场。痛定思痛，她决心换专业。

A说，如果她不是亲身经历，你一定不会清楚在中国的大学里调换一个专业是多么困难。她都不愿意再去回想那一段费尽力气却垂头丧气的时光。作出了无数次书面保证，参加了若干个新专业老师的谈话和考核，跑了许多个地方盖章，赔着笑脸说了不知多少次的好话之后，A调到了广告学专业，成了我们的同学。她说那个时候，她也并不太清楚自己是不是喜欢这个专业，但是那之后的成绩单都还勉强算是不错，也证明了自己的选择是对的。

很多人并不关心是不是在做自己喜欢的事情，他们只关心银行卡上的数字。我欣赏他们的现实，但是我们要有自己的追寻。能按照自己的意愿活着，对很多人来说，是一种奢侈。勇敢做出改变，你会发现，命运其实厚爱我们很多。

我想人的一辈子是自己的，自己最了解自己。作为一个成年人，理应为自己的将来负责。而这种负责最基本的要义就是要自己幸福。父母固然爱我们，但是他们只能看重我们感受以外的“外物”，只有我们自己最懂我们需要的是什么。

学业如此，婚姻如此，人生更是如此。

按照自己的意思过一生，并不是刚愎自用，自以为是。它是一种态度，一种对自己负责的态度。

保尔·柯察金说：“人，最宝贵的是生命；它，给予我们只有一次。当他回首往事时，应该不因虚度年华而悔恨，也不因碌碌无为而羞耻。”请始终对自己的内心诚实，按照自己想要的方式过一生。

如此，才不枉此生。

◆ 你要知道如何奋斗

对待很多事业有成之人，有的人总喜欢挖掘别人“背后的故事”。不去寻找自己和别人后天努力的差距，只是一味强调先天的不如人。其实我很不愿意和持这种论调的人讨论问题，因为他们缺乏理性认识自身差距的能力。怨天尤人的人只能原地踏步，甚至是“不进则退”。

白手起家的成功人士大有人在。新东方的俞敏洪是我的偶像，我曾经聆听过他的演讲，风趣而幽默，平实而励志，不矫揉造作，不故作深沉。他的创业史就是一部集合了勇气、拼搏、韧性的成长史。这个初次高考英语只得33分的农村孩子日后成了中国最大的教育产业集团掌门人。这个连续两年高考失利，仍在煤油灯下坚持学习的青年后来考上了北大。毕业后留校，被北大开除后白手起家创立了新东方。新东方小有规模后，吸引了一批海外的“精英”和他一起奋斗。今天的新东方，已经成为国内教育培训领域的巨无霸，为一批又一批志存高远、心怀梦想的年轻人敲开了国门，助他们走向了世界。俞敏洪和新东方的故事激励了许许多多像我一样的普通人。在总结新东方的成长史和所谓“新东方精神”的时候，俞敏洪说，“新东方精神对我而言，是我生命中一连串铭心刻骨的故事：是在被北大处分后无泪的痛苦，是在被美国大学拒收后无尽的绝望，是在被其他培训机构恐吓后浑身的颤抖，是在被医生抢救过来后撕心裂肺的哭喊；新东方精神对我而言，更是在痛苦之后绝不回头的努力，在绝望之后坚韧不拔的追求，在颤抖之后不屈不挠的勇气，在哭喊之后重新积聚的力量。”这段话我读过多次，每次重温都会心潮澎湃。

不光如此，即使有好爸爸的人，成功也不是你所认为的那么简单。有句话说“创业容易守业难”，盖一幢高楼，地基打得好是基础，可是如果不好好盖，盖歪了、盖倒了都不意外。李泽楷是香港首富李嘉诚的儿子，条件可谓得天独厚。李泽楷13岁到美国读大学，一直不愿意使用父亲的钱，曾经在麦当劳卖过汉堡，在高尔夫球场做过球童。大学毕业后在加拿大一家投资银行做了四年打工仔，回香港后在父亲的公司做了一名普通职员。1991年，香港政府发放卫星电视牌照，蛰伏已久的李泽楷向父亲借了5亿港币，一举获得香港首个卫星电视牌照。1991年5月，卫星电视开播，在两年的时间里，就覆盖了将近50个国家和地区，拥有5300万家庭用户，李泽楷靠自己的努力建起了一个卫视王国。就在卫星电视初具规模、事业蒸蒸日上之际，李泽楷又有超人之举，将自己全力创建的卫视出售，净赚4亿美元，这一年他才25岁。同年10月，他用赚得的资金创立盈科控股公司，开始向更高的梦想迈进。2000年4月盈科成功收购香港电讯，购并后的公司成为一家市值超过700亿美元的互联网集团。一系列高明的运作为他获得了“小超人”的称号。豪门子弟很多，纨绔子弟多见，又有几人有李泽楷的追求，几人能吃得李泽楷的苦，最后又有几个“小超人”呢?

我们都如此平凡和普通，平凡普通得有时候我们都看不到自己的未来在哪里。可是平凡的人不能甘于平庸，普通的人要有非凡的梦想。如果我们连梦想都是灰色的，人生什么时候能见到蓝天？衡量一个人成功的维度有很多，未必都需要衣锦还乡、光耀门楣。我们要做的只是让自己的生存有意义。

人，之所以是“人”，就不应该只停留在吃饱穿暖、繁衍后代这些低水平的需求上。我们要有所求，更要“及时当勉励”。趁着年轻多学多练，为今后打下坚实的基础。要善于观察，在蛰伏中寻找“一鸣惊人”的机遇。要不怕吃苦，为厚积薄发积蓄能量。最最重要的是要不甘平凡，相信自己不会一辈子平凡下去。

◆ “学霸”不可怕，“学渣”不可怜

每个学期的期终考试前，都有一条段子在社交媒体上疯传：“一学期一度的说谎大赛就要开始了，在接下来的半月里，你将欣赏到‘我还没看书’‘什么都不会’‘题都没有做’‘一点儿底都没有’‘这次肯定挂’等精彩作品，前十名获奖者将在下学期获得一二三等奖学金。”我不得不佩服首创这个段子的牛人，对“学霸”们的说辞做派把握得细致入微，言辞惟妙惟肖，叫我等大笑、转发之后自愧不如。

是不是每个“学霸”都这般做派，我不知道。虽不能说每个都是这样，至少很多学霸是这样。

给你们讲一个故事。高中那段时间，尤其是高二文理分科之后，学习压力好大。每天基本六点起，十一点睡，中间这十七八个小时都在连轴转。我读书那会，上大学可没现在容易，必须得踩着同龄人的肩膀才能拼得一个本科名额。压力有时候会叫人的行为异化，有的人走路都塞着耳机背课文，有的人吃饭心思都不在饭上，把菜能夹到鼻孔里。

我们班有一个学霸，此人从小成绩名列前茅，又会主持还特嘴甜，所以在学校也是个风云人物。在别人伏案学习的时候，此女从来都是花蝴蝶一样在

班级里飞来飞去。我得承认，她爽朗的笑声真的曾经温暖过那个压抑的季节。我们小城市的学生大多都住在离学校不远的地方，所以学校还安排了晚自习。每天晚自习之后，很多同学，尤其是类似我这样的“学渣”，不管回家是不是马上就洗洗脚睡觉，都要背上几本书，反正走出班级的时候，背包里没有几本书，起码心理上会很慌张。但是此女同学从来不带书，而且有时候都不来上自习。问之，答曰从来不看书，回家就看电视，上网。我常常暗暗赞叹，和别的同学聊起天来都得发自内心地竖起大拇指。

这种崇拜的感情后来轰然倒塌。原因是这样的，该女的好朋友那段时间和我过从甚密，有一次我在她面前大发感慨，说你看人家某某某有空就出去玩，回家就上网，为什么人家成绩那么好。这个小伙伴头也不抬说，她回家上网你看见了？她出去玩你跟着了？我说她不上网不出去玩那在家干什么，她连书包都不带。小伙伴说，你没去过她家吧，她家里有另外一套课本和习题集……

当时我就蒙了，世界观产生严重动摇。

人家说每个“学渣”心中都有一个“学霸”。其实每个“学霸”也都想伪装成一个“学渣”。真是兵不厌诈。感谢亲爱的同学给我上的这一课。

“学霸”和“学渣”其实分别真的没有这么清楚，尤其是大学里，学霸和学渣的区别也许就是想不想看书的区别，如果你大学里成绩优秀，除了说明你把“学渣”们呼朋唤友吃喝玩乐的时间用来看书什么也说明不了。至少毕业这几年我的感觉是一个学校出来的同学混得大抵都是一个水平。如果你大学和我差不多，拿到两证属于“好险”，也不用自觉低人一等。

人家都说人性向善，我估计“学渣”内心深处也都是想立志做一个“学霸”的。虽然因为懒、因为惰性或者其他原因他们被归类到了“学渣”行列。可是只要端正姿态、找准方向，“学渣”到“学霸”的变化就是so easy。

“学渣”之所以成为“学渣”，我认为首先在于“学”的内容不是“学渣”所长，至少不是所爱好的。这个都可以理解，路易十六贵为法兰西国王，对处理朝政不感兴趣，却沉浸在修锁的世界里，人称“锁匠国王”，你觉得奇葩吗？一点也不，这是人的“志趣”，“志趣”这东西与生俱来，成年后很难改变，与其嗤笑责怪，不如顺其自然。三百六十行，行行出状元。“学渣”们不必太过在意，按照你的志趣爱好，去走你想走的路。

不过不得不承认的是，“学霸”们都是对学习全身心投入的人。所以，“学渣”们也要“师夷长技以制夷”，混日子是等不来成果的，选对了自己想奋斗的区间还得脚踏实地地去努力才行。三天打鱼、两天晒网或者三分钟热度，那你只能注定做一枚永远的“学渣”。

换一个角度说，不管我们在自己擅长的领域是多么出类拔萃，都不要轻视看起来有点“弱”的人，楚庄王“三年不飞、一飞冲天；三年不鸣，一鸣惊人”的故事足够人警醒。

世界上的事都不是绝对的，“学渣”和“学霸”也是如此。

◆ 靠谱都是小事的积累

以前上学的时候，过生日时兴互相送礼物。东西不值钱，但是那种被人惦记、被人在意的感觉真的不错。我家里到现在还留着从前那些八音盒、许愿沙之类的小礼物。偶尔兴致来了，拨动一下，简单的音符流淌出来，感觉还是很亲切。也不知道现在的小朋友们时兴送什么礼物，不过即使东西不同，收到礼物的心情应该是差不多的吧。

这些年，没人给我送礼物了，甚至没人记得我生日，除了我妈。每次离我生日还有好久，她就问我想吃点什么，家里缺点什么。如果她不问，有时候我都不记得自己要过生日了。去年我生日，是个星期六。那一阵子我忙得焦头烂额，和妻打算好，周五晚上睡个舒服觉，周六起来之后就去找个饭馆吃饭。可是八点钟我的手机就开始叮叮响个不停，我拿起来瞥一眼，好像是祝我生日快乐的。放下，一会又是一条。

得，觉是睡不成了。翻身起来，一条一条地看。中国移动的，工商银行的，歌华有线的，长城宽带的，还有某网邮箱的。呵，真不少呢，有五六条，就是没活人的。我哈哈大笑，和妻打趣说，还是机器靠得住啊！

大四上学期，同学们实习的实习，考研的考研。只有我，整天“赋闲”在寝室，想想都感到悲伤。曾经有三五天，我的手机死一般地安静。后来我和同学说，手机三天收两条短信，一条银行的，告诉我家里给我打了生活费，一条是10086的……“往事不要再提，人生几多风雨”啊！现在再回想，心里还冰凉冰凉的。

回过头来想一想，什么是“靠谱”？我想应该就是“靠得住，被人信任”的意思。我再说个故事。

我们单位有个妹子，相貌出众、才华横溢，辞职去不列颠读研了。回国后妹子约一起聚聚。约好之后我就直奔地方。走之前我把上次逛街买的一个指南针给捎上了。到了之后相谈甚欢，我把那指南针送给了妹子。之所以送妹子这个东西，是因为从前妹子跟我说自己开车不辨南北，很苦恼。我就随口一说下次送你一个指南针。其后不久，她就出国了，这个事也就搁置起来。有一次，我和妻去逛商场，看到有一个指南针挺合适，我就买下来，放在办公室里，这一次就给她了。收到这个小礼物，她很开心，她说你办事真是靠谱，这么久了还记得。

其实，买指南针的那个瞬间我只是一个下意识的动作。也许这就是别人说的潜意识里的“靠谱”吧。

我有好几家银行的信用卡，每当我使用过程中有不明白的问题，我都喜欢打个电话咨询一下。各家银行的客服人员的服务大有不同。每次给某银行的信用卡客服小姐打电话，她都先客气地问一通好，然而回答我问题的时候没有一次能为我答疑解惑，我甚至都怀疑她们自己可能从来没有用过信用卡。每一次都弄得我心情糟糕。投诉过多次后，没有什么改观，我索性把卡销掉了。的确，我问的都是小事，你们回答得都很客气，可是你们专门为客户答疑解惑的客服人员总是不知所云、答非所问，我当然有理由怀疑你们的服务水平。我当然会对你们说不，这就是不靠谱的代价。

我觉得，做了这好几份的工作，这些工作历练了我，也改变了我。有些靠谱是需要时间、需要阅历的。没有几个人天生就是靠谱的。我刚刚做记者的时候，采访对象说八点见，我就像上学时候一样踩着点去，可是去了才发现人家早就到了半小时了。起先不明所以，后来关系熟了我问起来，那个成功的商人说，我不喜欢等别人，所以推己及人，与人有约一般我都会提早到一点，万一堵车呢，万一有别的状况呢，打出提前量来是肯定没错的。再说，就算我提前到一会儿也没事啊，我可以在这里看看风景。一席话说得我无言以对，在那以后与人约我都会提前一会儿到。所以，有时候靠谱也是一个学习的过程，我们多接触多观察多领悟，就会慢慢变得靠谱。

可能很多人秉持的是“大错不犯、小错不断”的人生哲学，对此我有不同的意见。并不是所有人都有机会去做轰轰烈烈的大事，也不是每个人都有机会去改变世界，大多数的人都是在过着自己的小日子，做着看起来有些微不足道的小事情。如果你把“做大事的时候我从来不马虎”当作自己不靠谱的借口，那你做大事的时候也极有可能不靠谱。倒不是因为你没有做好某件事，而是因为你不为“做好”找方法，只为“做不到”找借口。也许古代有英雄豪杰可以拍拍胸脯说“扫天下者，何须扫一屋”。但是现在，至少是在我身边，我见过的“成功人士”没有一个不是着眼小处、看重细节，“一屋不扫，何以扫天下”的人。

◆ 天才也是需要打草稿的

作为一名地道的吃货，妻非常关注各电视台的美食节目。最近热播的《舌尖上的中国》第二季更是期期不落，每周五晚都和纪录片频道死磕，一边看一边吃点核桃或者苹果。按照她的话来说，核桃吃出了佛跳墙的味道。我对她对美食的追捧深深佩服，不得不伸出大拇指。

中国菜讲究的是色、香、味、形、器俱全。天下山珍海味之多，我们可能没有口福尽尝，但在资讯如此发达的时代，那些珍馐美食我们可以说都“见过”。每每在电视屏幕和杂志报刊上看到各味美食，无一不是色泽鲜艳、形态优美，叫人垂涎欲滴。妻总会口水直流，不能自已。电视直播间里，各位大师傅头戴高帽，下刀如飞，环境也如同餐厅，有叫人肚子饿的感觉。她取笑我说，你看看人家大厨们做的饭菜，“那么好看、那么有食欲，你做饭先不说味道，单看看你灶台上飞出来的那些菜叶，看看炉沿上你溅出来的油渍，就没食欲了”，我总是无言以对。我始终坚信我做菜菜叶乱飞是因为我们家锅小。

某次有机会去采访我们当地一家特色餐厅，他家的厨师也算是小有名气的鲁菜名厨。店老板热情邀请我们都带家属去，因为做好的菜吃不了也是浪费。有此机会，我马上电邀当家的前往，吃货挂了电话十五分钟赶到，顺利抢得全体工作人员家属第一名，我很汗颜。我们俩穿上工作服去后厨参观。走到火炉前，我惊喜地发现名厨做菜也甩得灶台上都是菜，脚底下全是油。发现这一事实，我对此行非常满意，以后再不用担做菜乱溅的骂名了。

大厨热情地介绍了自己的成长史，他说厨师这一行当，一靠熟练，二靠悟性。没有日积月累的掌勺，天才也不行。说完他露出自己举重运动员一样的胳膊，说这都是常年掌勺练就的。他说那些电视、书报呈现出来的美味佳肴无一不是后期加工的，没有谁一下能做出群虾回转、鲤鱼打挺的美味。他说他做完菜之后会有一个专门的小徒弟拿着家伙什去修整一下菜肴，把盘沿上的酱汁等擦干净，菜肴摆整齐。他说电视上呈现美食时一定剪辑掉了这一段。听说了我做菜的糗态，他哈哈大笑，叫我不要妄自菲薄，说他做菜的悟性和我基本一个水平，只是次数多了一些而已。

这个世界上的事物展现出来的永远只是光鲜亮丽的一面。就算是很多的成功者，也在成功后的言谈举止中要么刻意、要么无意地忽略了他们很多创业之初的艰辛，当然也有可能是财富积累之初他们有很多不足为外人道的灰色经历。王勃捻须低吟吓得都督阎公屁滚尿流的桥段只能是“故事”而不是“史实”。王子安天赋异禀不假，可一定不是生下来就笔走龙蛇的“妖怪”，肚子里没有半瓶子醋，上到滕王阁也晃荡不出来。

写作这本书的时候，惊闻拉美文学大师加西亚·马尔克斯不幸逝世的消息。马先生是诺贝尔文学家得主，在文学史上鼎鼎大名。他的《百年孤独》堪称拉美文学的代表作品。我看过诺贝尔文学奖得主的莫言先生的访谈，他说该书曾经深深震撼了刚从阶级斗争为纲年代走出来的一代中国文学人，深深影响了他们后来的写作之路。也许很多人会把成就如此高的人描绘成“下笔如有神”的传奇人物。事实远非如此，可能他经历的磨炼和曲折会超乎很多人的想象。我对马大师的作品涉猎不多，不过据我一位马大师的“粉丝”朋友讲，马大师早期的作品比照后来是差很远的，而且基本是中短篇为主。那时候，他的主业还是报社的记者，在做记者的过程中，他积累了大量的素材。朋友绘声绘色地给我讲道：“在某次外出的路上，他文思泉涌，顺口颂出了‘许多年以后，面对行刑队，奥雷良诺·布恩蒂亚上校将会想起，他父亲带他去见识冰块的那个遥远的下午’的语句，然后思绪一发而不可收，再后来就有了不朽的名作《百年孤独》。”

类似的例子很多。直到我到北京以后才真正有机会近距离地去欣赏很多画作。有一段时间，我租住在中国美术馆附近，闲来无事就去里面晃悠。仔仔细细观察过名家的画作之后我才恍然大悟，不管是西洋画还是中国画，你凑近了，或多或少都有铅笔或者别的什么笔描画的痕迹，完美呈现在你面前的画作几乎没有信手拈来的。前几年还看到一篇报道，说一位富商向卢浮宫捐赠了达·芬奇的《蒙娜丽莎》的草图。有兴趣的可以搜索一下，草图色彩鲜艳，线条刚硬，以一个外行人的眼光来看，很有近现代印象画派的风格呢，谁说大师不需要草稿呢?

“天才这个词本来含义极其暧昧。它的定义绝对不是‘生而知之、不学而能’。天地间生而知之的人没有，不学而能的人也没用。天才多半是由于努力养成，天才多半是由于细心养成的。”郭沫若的这段话应该没有人不赞同吧。

◆ 你倦怠的时候，别人正在天上飞

这个题目是借用豆瓣一个豆友的题目。她在回复别人来信的时候讲了这样一个故事。一个叫荷茜的姑娘，曾经是豆瓣网广告销售。每天过着朝九晚五的生活，在Excel和PPT中拼命寻找着生活的意义。但某天早晨醒来，荷茜突然决定要做个行者，去周游世界。荷茜说梦想这东西，不能永远等下去。况且，2012了，后面的事情谁知道呢？于是她就这么挎着行囊出发了。她去了中国云南、新西兰、非洲和欧洲；在旅途中飞上了天、游过了大西洋并踏上了太平洋彼岸美利坚的土地。这个豆友说，就在大家还在为日常芜杂小事苦恼的时候，荷茜用了不长的时间，几乎周游了世界。故事的结尾，她这样写道："我很佩服荷茜，自己虽然常常对身边人说一万个'想做'都不如一个'去做'，却还未有她的胆识和勇气。"

其实她最后一句话也是我想要说的。这些年，我被定位成一个传递正能量的人。我总是鼓励别人去勇敢地追寻梦想，要不畏险阻，要永不言弃。可是我自己却难以抽出身来踏上寻梦之路。在这一点上，我得说一个我佩服的朋友的故事。

我姑且把她称作Z吧。说是朋友，我们都还没有见过面呢。认识她是在

2005年的冬天，那个时候博客才刚刚兴起，我也跟风地新潮了一把。在那里抒发一下心情，看看别人的世界，也结交了几个至今还在联络的好朋友。

Z与我同龄，在东南某名校读会计学专业。她文笔非常好，文字里显现的成熟远远超越她当时20出头的年龄。她对感情的剖析入木三分，她自嘲说失恋太多，感慨可以写成一本书。她的文章里也有很多生活的感悟和外出的游记。我被她的文字吸引，慢慢地成了朋友。

这么多年过去，我们曾好多次擦肩而过，我去她那里出差、游玩，她都有事不在，她到北京的时候我也正好离开。这让我们都觉得有一些遗憾。后来我才知道，原来十年前的她一直是某著名青春文学刊物的签约作者，但是后来她逐渐远离了那个圈子，说她要去做那些一直想做而没有做的事情。

大三的时候，她休了学，拿着自己写稿积累的几万块钱去了澳大利亚。先在某大学旁听了一段时间，然后又去了新西兰。她曾经在奥克兰寄很漂亮的明信片给我。很少见她上网，偶尔看见，她总是感叹自我的渺小、外面世界的博大。除了表达羡慕我什么也做不了，而她总是说，每个人都能像她那样，只是别人舍不得安逸而已。她说你来啊，来了一起去周游世界啊！现在再回头看那个时候的自己，有一点点的内敛，也有一点点的自卑。感觉自己好穷，怕凑不够机票钱，更害怕语言不行，饿冻街头。还有很多很多的担心。每当我说到这些，她总是发一个微笑的表情，不再说话。

后来她跟随一个当地的朋友去了非洲。在非洲的那一年，我们基本上断了联系。直到有一天我接到一个她家乡某市手机打来的电话。她说她回来了一段时间了，准备写完论文要毕业了。那个时候我已经毕业工作一段时间了，正沉浸在刚工作朝九晚五按月取酬的欣喜中。那一晚，我们QQ语音了好久。关掉电脑我心情久久不能平静。我不知道该怎么描述我当时的心情，有很多很多羡慕，一些难以言说的忌妒，还有淡淡的失落。

我终于不那么穷了，可我也没有说走就能走的时间了。她说她也没有钱，在外面两年也基本是一边打工一边玩。我千辛万苦终于拿到了英语等级证书，可是张开嘴还是只会说简单的单词，就这些词也还没有机会用上。

也许我们真的想得太多了，而我们所想的很多东西都是庸人自扰。在我们为这些虚无的东西担心的时候，别人已经周游了世界。在别人周游世界的时候，我们对自己说等我有了钱我也能像她一样，可是什么时候才能赚到我们期望的那么多钱呢，即使赚到了，出个国很容易了，终于有了一点可怜的自信了，是不是还有时间和精力去实践自己的梦想呢？也许到那个时候，我们只能被工作和家庭束缚，哪儿也去不了。

我跟妻说，等女儿长大了，一定要撵她去看看外面的世界。不然真的会老之将至而困守一方，徒增虚度之感叹。

张爱玲曾经说“出名要趁早”，我觉得出去闯荡也要趁早。不要怕你什么都没准备好，因为等你真的什么都准备好了，可能你也出不去了。

第9章

不要被你不知道的或是没有做过的事限制

◆ 不要拒绝冒险

有一句话叫作“富贵险中求”。很多成功商人在访谈中都不约而同地谈到了这一点。都说要在闯荡中寻找机会，不要怕失败，要知道没有成本永远是得不来收益的。虽然我很同意这样的话，但我一直没有机会去体验一下“大人物”们所提到的所谓“富贵险中求”的充满挑战的生活。

我喜欢踢足球，也喜欢在电脑上和别人玩《实况足球》之类的足球游戏。在玩这些游戏的时候，我不喜欢和那些在后场堆砌一群后卫的玩家玩。他们的足球哲学是把精力放在防守上，然后再伺机进球，就算不能赢也不要输。我曾经和很多同好者切磋，上学的时候还凑热闹一样参加过几次小型的电子竞技比赛。据我观察，抱着一堆后卫这样阵型打法的同学基本上没有高手，都是一些陪玩者角色的“小玩家”。真正的高手，都是进攻能力极强的选手，也许你能进他一个球、两个球，甚至四个五个球，但是他们强大的进攻体系一定会比你多进一个球。

“多进一个球”，如此简单的足球哲学，是在很多事上都行得通的哲理。靠保守的小农思想可以管你温饱，可要想和“成功”“富有”沾上边就难了。我们身边有很多“成功”的同学、朋友，你也许不会认同他的做事方法，但是和他们的现状相比较，你就不得不佩服他们的远见和手段。大学里有一个一面之缘的女性朋友，和她关系一直不温不火，究其原因在于我认为她过于会“算计”。可是，事实是，我现在仍然在日复一日为孩子的奶粉钱奔波，她却早过上了按月收租、衣食无忧的生活，叫人不得不佩服。毕业后，家里资助她在省城闹市付了一套房的首付，然后她开始按月还贷的生活。尽管压力巨大，却也足够叫人羡慕。可是她就是不走寻常路，那个时候楼市正处低谷，她自作主张把房子卖掉了，这样手里有了父母给的30万元首付和银行的贷款50万元。她拿着这笔钱去海边的家乡小城买下了一排没人要的沿海门面房，然后改造成海景酒店，因为价格便宜又紧邻大学，所以生意好得一塌糊涂。之后她又转手几次。如今六七年工夫，我还在天天挤地铁上班，人家已经开着豪车周游中国。我常想，我和她差距在哪儿？我觉得就在于“胆量”二字上。

敢于冒险可能会有高额的回报，但是却不是每一次冒险都有如此好的运气。不然，那就不叫冒险了。机遇和冒险就是一对共生体，就好比煤炭和瓦斯。处理好了瓦斯的问题，煤矿的生产就有了保障，就能有高额的回报。可要是一直漠视生产安全，不注意防范瓦斯事故，不但可能血本无归，还会带来意想不到的严重后果。冒险会带来难得的机遇，处理好了会是绝佳的机会。做一个敢于冒险的人，不是要你像莽汉一样做个没头苍蝇一味乱闯，而是要你做一个对机遇嗅觉灵敏的人，能够不放过一丝成功的可能，闻见了机会的气息能够一击制胜。对于无法保证收益的冒险，不妨等一等、看一看，确定有冒险的价值，再去把握它。

不要盲目地冒险，冒险前要做好准备。“机会青睐有准备的人”，这句话说过无数次，可是要真正地领悟其中的真谛，就需要我们能够沉得住气、把得住心、拿得出手、做得了主。俗话说 “十个赌的九个输，留下一个最后哭”。人的一生，不是一个可以重新来过的游戏，应该认真走好每一步。所以我们要做一个成熟、理性、慎重的成年人，不能盲目地把已经拥有的生活当赌注，盲目地去冒险。要做一个有准备的人，这种准备既包含物质上的准备，也包含心理上的准备。你以为一个立志去攀登珠穆朗玛峰的登山家真的是收拾几件衣服就开始一段“说走就走的旅程”的吗？当然不，他不但要是一个有钱人，能支撑这项烧钱的运动，还要是一个技术娴熟的专业人员，能够保证高危运动中的自身安全。机会不单单是青睐有准备的人，更应该是青睐认真准备的人。

理性地看待冒险的后果。既然是冒险，就有可能成功，也有可能失败。世界上没有只赚不赔的买卖，也没有只赢不输的冒险。“愿赌服输”，“既然选择了远方，就注定风雨兼程”。历史上的大将，都是战略家，而不是计较一城一池得失的“带兵人”。还是那句话：“输了能怎样？”至少我曾经尝试过。我们要做的不是去设想失败的后果，我们能做的是尽力争取期望的结果。

对于一个敢冒险、爱冒险的人，我始终心怀着虔诚的祝福，因为我也是其中的一分子。愿我们可以在这条路上安心走、努力赢，能够永不言败、永不放弃、永不后悔。

◆ 任何的限制，都是从自己的内心开始的

鲁迅先生在评论《红楼梦》的时候，有这么一段话："单是命意，就因读者的眼光而有种种：经学家看见《易》，道学家看见淫，才子看见缠绵，革命家看见排满，流言家看见宫闱秘事。"每个人由于立场的不同，对待外物都有自己独到的看法。有禅语说："心中有什么，眼里就看到什么。"看起来好像是先看到才能想到，可是仔细想想，很多时候你的眼睛里看到的都是内心里早已经存在的事物。

心里有高山，人生就想勇攀高峰。所谓的"胸怀大志"，并不一定只发生在雄才大略的人身上。能把高远的志向落到现实的人我们才叫他"胸怀大志"，要是只是夸夸其谈，我们就要把他叫作"大话篓子"。我们姑且撇开能否实现不提，首先有一颗志在高远的心也是很重要的。每个人都有自己的路，"山顶的人和山脚的人看对方一样渺小"，也许你安贫乐道，对名利看淡如浮云，可谁也无法否认名利对人生的吸引力。永远不要对自己说，我不行、我做不到、也许会失败、我没有退路之类的话。要么大胆去做，要么就闭嘴。

心里畏深渊，人生就会裹步不前。很多的成功者之所以成功，并不是因为他们天赋异禀，而是因为他们有赢家的志向和心气。我有个朋友，遇见事儿口

头禅就是："慌什么！慌什么！都给我沉住气！"这句话配上他戏谑的表情、口气和手臂挥舞的动作，一下子就能使紧张的气氛松弛下来。平时做事他也总是一副万事不愁的姿态。这几年，哥们儿发展得越发顺风顺水，车子房子都是最好的，孩子还是漂亮可爱的双胞胎。我对有一次他开导别人的话印象特别深刻。他说，"你怕什么，先去试试再说啊，输了能怎样？能饿死？要是饿不死就没啥可怕的。高手不多，强手寥寥，不怕不行，就怕不敢！"这是一种必胜者的信念，也是一份赢家的大气。先把心里的担心甩到一边去，才谈得上立足、发展和得胜。

对待困难，战术上重视它，战略上要轻视它。高山成其高大，因为雄伟挺拔。深海成其宽广，因为宠辱不惊。没有一个人能够轻轻松松地到达彼岸，没有一条路不充满坑洼险绊。成功之所以可贵，正是因为有了这些困难的装扮。不劳而获的胜利含金量总是显得差了很多。对待困难，我们自然要重视它的存在，细致观察、认真研究，全身心投入到战胜它的战斗中去。就算能力有高下，但相信大多数人还是可以做到这一点。难的是如何在心理上藐视困难，能够举重若轻。我们不妨退一步去宽慰自己，输了又能怎样？我们还是该吃就吃该睡就睡，什么都不会耽误。既然什么也不会失去，就大大方方迎接它的挑战吧，赢了就是赚了。

要想大步奔跑，就先把心中的锁链打碎。看过一个电视节目，节目上说，世界上最难开的锁在高超的开锁师傅面前也不过是工序繁杂一点而已，寻常所见的锁由专业人士开起来是分分钟的事儿。有句话说得好，"最难解的锁是心锁，最难开的门是心门，最难点的灯是心灯，最难走的路是心路。"在前进的路上，我们有意无意地给自己设置了好多这样那样的条件和门槛，给自己的后退和失败留下了许许多多的余地。大多数的人对于给自己的懦弱和消沉找借口这件事远比给自己的成功寻找机会和条件擅长得多。每当需要大步开跑的时候，总是有紧裹在身上的护身衣束缚自己，每当历尽万难终于想要放下包袱大干一场的时候，又总会不自觉地冒出千千万万“不能、不会、不好”之类的托辞。日复一日、年复一年，年华蹉跎而去，机会一再丧失。

每个人活着这个世界上，总要受到许许多多的限制和束缚，小的时候有爸妈师长盯着，后来有了自己的小世界，有了自己的友情爱情，再往后又有了妻子儿女同事，我们在人情的关系网中获得温暖收获关爱，所以很多时候我们是为别人而活。但是我总是觉得，人的一生最可贵的事情就是自己掌握自己的命运。不是每个人都能有“不以物喜，不以己悲”的精神，可是人一定要慢慢学习控制自己的内心，不要让内心的条条框框成了限制你人生的藩篱。觉醒和奋进，要首先从解放你的内心开始。

◆ “经历”到“经验”，成长没有那么难

说到成长，我会想到以前看过的一句话：“失恋是使一个人成长的最佳途径。”这话仔细想来也有它的道理，一个感情方面“经验”丰富的人处理起感情之事来一定会比一个感情懵懂的人游刃有余得多。不是每一个人面对每一个爱情对象都拼却全部，奋不顾身。大多数人都是凡夫俗子，会不自觉地记得走过的路，迈过的坎，会自私地告诉自己下一次不要这么痛，自私地选择“要痛就让别人痛好了”。这是人性的弱点，对此不必计较太多。如果你在爱情里还没有学会看淡“再深沉的爱情也必然败于人性”的道理，那你就永远是一个“小白鼠”。

“经验”不是白来的，空口谈不来“经验”。必须有所“经历”，才能成就最后的“经验”。你能想象一个乳臭未干的小朋友和你谈人生吗？你能想象一个到点上学打铃下课的小学生和你谈奋斗吗？看到这样的假设你都会感觉到可笑。前几年，有个被称作“演讲帝”的杨姓小学生因年纪轻轻却口才了得而走红网络，他演讲的视频风靡各大视频网站，内容涉及教育、政治、爱国等多个方面，因为涉及的话题太过“成人化”还引发了争议。那一阵子我很迷小杨同学，总是不自觉打开网站聆听他“教诲”。不过一段时间之后我发现小学生

就是小学生，天才的小学生还是小学生，我们看他的视频更多的是被他的年龄和话题之间的错位感所吸引。他演讲的内容大部分是转述别人的观点，可供参考的地方很少。所以说，“经验”靠空口是谈不来的。只有“经历”才能撑起你“经验”的骨架，使它经得起推敲，能够给现实以借鉴意义。不然，虽会一时吸引人的眼球，久而久之，其人其事就会乏善可陈。另外，如果你是一个对自己有所要求，却没有“经历”过太多风浪的青年人，若要快速成长，将“经历”转化为“经验”的效率就非常重要。在一件事情发生之后，要深入地思考总结，有自己的体察和感悟，在把“经历”快速转化成“经验”的过程中收获成长。

不是所有“经验”，都必须亲身“经历”。人之所以是一种高级智慧化的动物，就在于人除了衣食住行，还有一样别的生物没有的东西，叫作“思想”。这所谓“思想”的一个内涵，就是能够借用他人的视野和眼光，能够学习他人的理论和经验。不是所有的经验都必须靠亲力亲为得到。一方面，我们要善于把自己的“经历”历练成“经验”，把自己见到过、感受过、“经历”过的事件变成滋养内心成长的养分，不做一个头脑空空的纸片人；另一方面，要承认个体的渺小和微不足道，“择其善者而从之”，学会“拿来主义”，把别人摔过的跟头当成自己的教训，把别人得出的感悟当成自己的收获。虽然少了一些亲力亲为的直观感受，却也少了很多眼泪、悲伤甚至是血淋淋的痛楚。一个强大的个体，从来不是一个“独善其身”的莽汉，一定是一个自身强大也善于借力使力的人。

“经验”不是平白无故信手拈来的。“经验”的获得需要经历阵阵的痛楚。网上有一个段子，说生孩子是人类所会经受的最疼痛的感觉之一。这一段子被无数人转发，着实吓坏了很多未婚的、未孕的妹子们。妻属于内心很强大的人，向来不把疼啊痛啊的东西放在眼里，一贯给人视伤痛如无物的感觉。但是在我们准备要宝宝的那段时间，那个生孩子会疼死人的段子被无数人转发，原先镇定的她竟然慢慢有点慌张了。常常心神不宁，从来不需要人安慰的人竟然要求我安慰了。怀胎十月一直到了生娃的时候，常常惴惴不安。进了产房历经波折，痛也痛了，喊也喊了，终于顺顺当当当了妈。后来再聊起这件事，她又恢复了那副马大哈的表情，说“就那样”！事后偷偷在社交网站发了一篇文，称自己“也许这就是我，伤痛易忘”。你看，有些“经历”就是这样，只有经历了才知道深浅，只有感受了才能从“经历”中提炼出“经验”来。

最后，我愿意把这些年我一个特别有感触的“经验”和大家分享，就是“永远不在同一个地方摔倒两次”。对这一点，大家都不会陌生，可是真正能做到的却没有几个人。举一个小例子，高考之前，因为有些原因我落下很多功课，当我处理完所有事情终于安安心心坐到教室里的时候，距离高考只有不到两个月时间了。当时要复习六门课几十本书，别人都已经开始第二遍复习而我还没有开始看第一遍。怎么办？我用一天时间认真考虑，我告诉自己时间是没法和别人比了，只能比质量。所以我就开始一页一页地认真看书，每当遇到和想到一个不懂的题目马上就去问同学、问老师，特别有启发的地方就做好笔记，做过的错题一定弄通，绝不能再错。到高考前一周，我只看完了所有课本的四分之三，但是我整理的错题记录就有三大本，最后特别坦然走进考场。事实证明，那些别人嘴里的所谓“难题”我们都遇见过，而我基本上都轻松通过了，比很多全程系统复习的同学做得还好。高考发榜后成绩还不错，别人问我有什么秘籍，我都会如实告知：考卷上遇见以前做过的题目都没有做错，仅此而已。

这个世界的强者，大多数和你我一样是寻常人家普通出身，不同的是他们在努力去“经历”，用心去生活，不断在奋斗，积累着厚积薄发的“燃料”，等到机会来临，点燃燃料，一飞冲天。而这种“燃料”，就叫作“经验”。

◆ 爬过这座高山，你便会发现全新的世界

登山运动兴起几百年以来，无数的爱好者趋之若鹜。单就我并不见得有多宽广的眼界来说，和登山相关的人和组织我就知道西藏登山队、山鹰社、希拉里、王石等等。登山运动最大的乐趣是什么？我认为是能够体会人对自然的征服感。作为万物之主，人类本身在动物界是无可匹敌的，而人对自然的征服就成了人类孜孜以求的目标。

1924年，珠穆朗玛峰北坡。一名记者在英国登山队营地追问著名登山家乔治·马洛里：“你为什么要登山？”马洛里这样回答：“因为山在那里！”其后，这句话成为登山爱好者的圣经。在这句话里，你能读出什么？我第一次读这句话的时候，忽然就想起了我妹妹的名字：毕莹。家人给她起名取了“必赢”的谐音。在我看来，马洛里这句话也可以用一个现成的词汇来概括，就是“生而为赢”。他把登山当成一种使命，他把征服当成一种生活。

人生的意义就在于不断提升自己。人活着总要有点追求。这所谓的“追求”，并不以很多人认为的高尚或者鄙薄来评断，只要你所钟爱、能悦己达人就是一个好的追求。每个人生来都要吃饭穿衣走路说话，如果你没有靠自己的灵魂和双手使自己变得不同，那你和世界上其余的六十亿人毫无差别。如果你

没有给自己定下一个目标，确立一个方向，那你度过的每一天和人生其余三万天别无二致。如果你没有不断改变自己、不断提高自己、不断完善自己，那你一生注定平淡无奇，悄无声息地来到这个世界，然后不留痕迹地离开。我们要给自己的一生树立一座高山，在奔向顶峰的过程中，我们会目睹不一样的风景，感受不一样的心境，积累不一样的收获。我们不必苛求将要获得的是多是少，只要"在路上"，每个人就一定能书写自己独一无二的篇章。

人生最深的感动在于立于高处回望来时路。人活一世，经历万千。很多人劳碌一生、隐忍坚强，唯有弥留之际方才泪眼婆娑。保尔·柯察金那句关于人生如何才不会虚度的名言始终在内心警醒我们，过好人生每一天，走好人生每一步，别虚度年华。人生如逆水行舟，不进则退。虽然有时候我们感觉到疲惫，感觉到劳累，但是咬一咬牙就挺过去了。我没有攀登过高山，但是我能想象，假如我们战胜了冰川、雪崩、缺氧等困难，一步一步踏上了山巅，环望四周，一片苍茫，那该是怎样豪迈的心境！回头看看已经被风雪掩埋的足迹，该有怎样的感动！所以，感到困难的时候不妨再坚持一下。如果没有这些披荆斩棘的故事，攀上人生高峰的时候，那些喜悦也就没有那么珍贵。

人生最难得的经历是孜孜不倦地追寻。我知道，每个人内心深处都有那么一些倦怠和怯懦的基因，每当我们又要踏上征途，总是不自觉地想要拖住我们前行的脚步。我们不妨把自己心中的高山规划得更加具体一些。你要知道，因为体力有别、物质条件有限，不是每个人都有机会去攀登珠穆朗玛峰。但是就算我们只是把志向定在身边的三山五岳，也一样能激励自己奋勇向前。攀登过程中那种追寻未知、探索前路的心情大体都是相通的。随着阅历的增加，你真的开始慢慢发现，小时候我们爸妈鼓励我们的话"只要努力了就好"是多么有道理。人生有时候就如登山，最美妙的感受就是在追寻的过程中。

"世上无难事，只怕有心人"这样朴实的话语蕴含了太多先贤总结的人生智慧。我曾经翻开一本登山类的杂志，随手记下几条登山时要注意的事项。

现今再来翻看，竟发觉不单是登山，很多条目对做人亦有参考价值。比如“登山看脚下，少往高处观”，尤其是登山起始的时候，往上看往往使人产生疲惫感，目光保留在自己前方三五米处最好。生活中，我们少空口大话，少夸夸其谈，应该从身边看似细微的小事做起，积少成多一定能有所收获。再比如，“勿想山多高，留心脚底下”，登山时少去考虑爬上去还需多少时间之类的事情。不慌不忙，走走停停才能体会到爬山的乐趣，不会错过美丽的风景。人生也是这样，就好比共产主义理想无比美好，但是还很遥远，与其杞人忧天地去考虑目所不能及的事情，不如努力工作、展现笑脸、感恩生活，把握当下的每一分每一秒。远处高山的风光待到走到之时自能欣赏。翻过这座小丘，也许你的人生就会豁然开朗，就会发现一个全新的世界。

◆ 至少你的灵魂是自由的

我不相信人的性格和出生月日有多大的关联，所以我对星座学说不以为然。不过，我也不排斥拿过来消遣一番。按照星座划分，我属于射手座。我的朋友们说，虽然我不相信星座和性格的联系，可是我却是一个最最符合射手座性格的“标本”。在诸如乐观、坦率、爱好自由等所谓射手座人的性格特质中，“自由”是我身上最最显著的标签。

很长一个时间段里面，我的QQ签名是Beyond乐队的一句歌词“原谅我一生不羁放纵爱自由”。无论我身处何方，处境如何，我始终在意的就是我是否能够掌握自己的命运。小时候不能完全理解裴多菲诗歌“生命诚可贵，爱情价更高。若为自由故，二者皆可抛”的深刻内涵。长大了，随着经历得多了，感悟得多了，也就逐渐理解了作为革命者的裴多菲和作为个体的裴多菲终生对祖国和个人“自由”不懈追求事迹的可贵，深深为之折服，心向往之。

我们活在这个世界上，不能左右的事情太多，要善于排解。世界上绝对的自由是不存在的，即使存在也不可取。没有一个人能够不被社会的规则所束缚。“无规矩不成方圆”，我们期望的自由并非是无所畏惧、无所忌惮、无所不为。我们的自由应该是灵魂的自由。靠自己的双手吃饭，走自己选择的道路，始终忠实于自己的内心，在社会规则的规范下实践自身的人生价值。遇到不得已而为之的地方，多排解、多宽慰自己。努力能努力的，改变能改变的，接受努力后还不能改变的。世事的羁绊只能困扰你的身躯，左右不了你的灵魂。

谁也不能霸占你的灵魂，一定要思想独立。永远不要交出你的大脑，眼见耳听尚不能确保真实，转述和道听途说更是不可信。你可以失去金钱，失去地位，失去一切，但是请一定要保有一颗听从于你灵魂的内心。根据自己的实际审时度势，根据自己的内心寻找方向，根据自己的观察取舍进退。能够掌握自己的命运，本身就是人一生最大的自由。

不要以自由的名义忘却责任。永远不要试图做一个鹤立鸡群的“法外之人”，永远不要用“自由”的名义去伤害别人。这是我们作为一个社会人的“责任”。有了这份“责任”，我们才不仅是一个“厉害的人”，还可能成为一个“被人尊敬的厉害的人”。

终生为社会的发展和自我完善不懈努力。作为一个至少表面上始终在“体制”内混的人，十多年以来，我一直是无党无派的身份。在我所处的环境中，基本上是独一无二的。这其中的缘由，我自己也不甚清楚，虽然我始终是一个“社会稳定”的拥护者，但也许我更在意的是我是否能够一如既往地做一个“灵魂自由、思想独立”的人。实事求是地说，我从未因为我无党无派的身份被人另眼相看，被人孤立，这一点我愿意以自己的经历为很多的误读澄清。在一次聚会上，一位五十开外才从出版界进入到“体制内”的老大哥这样描述自己的心路历程：“人活着，应该有所追求。就好比做慈善未必要通过某个慈善组织，一丝怜悯也是‘慈’，一言一行也可以是‘善’。我一直在新闻出版界工作，我觉得我个人的力量非常微小，谈论那些社会的愿景是虚无的，我愿意用我毕生的精力关注一件事，就是推动社会的发展。哪怕微小也不遗余力。”这么久过去了，这一段话始终在我脑海萦绕。我觉得这才是我们应该有的境界。我们要有所求，但不拘形式。要制订目标，哪怕个人的力量极其微小。要不懈奋斗，哪怕最终只能贡献微薄的力量。

上中学的时候，我很喜欢背诵抄写宋词。忽然记起一首，很符合我要讲的话。

“一别都门三改火，天涯踏尽红尘。

依然一笑作春温。无波真古井，有节是秋筠。

惆怅孤帆连夜发，送行淡月微云。

樽前不用翠眉颦。

人生如逆旅，我亦是行人。”

热爱自由的我，最最向往的也许就是“对一张琴、一壶酒、一溪云”的生活，就算我们什么都没有，我们也还有灵魂的自由。

◆ 意外本身正是人生的乐趣所在

你心目中的好领导是什么样的？这些年以来，我遇见过形形色色的领导，每个人都各有特点。有的我叫“事无巨细”型，虽然工作上讲究不越级指挥，可是总经理级别的头头连洗手间买什么牌子洗手液这样的事情也要亲自把关。有的我叫“甩手掌柜”型，月初的时候露一面，月末露一面，平时基本在云游四海，想找他基本靠电话，网络都不行。还有一类就比较“正常”一点，方向把控好，进度掌握好，繁文缛节就放手交给下面去做了。对于下属来说，我们没有选择上司的权力，但是我们乐于在一个这样的头头下工作是不争的事实。

这一类领导的魅力在于，能够保证工作朝着目标前进，又把处理事务的权力交给你，放手叫你应付期间出现的种种意外和难题，完成工作的同时也锻炼了你的能力。处理“意外”是人成长的重要部分。父母生养我们，呱呱坠地伊始，啼哭、吃奶都是生活的本能，后来遇见了走路、说话这些从未做过的事，等把这些事处理好，新的问题譬如学习、社交又出现了，在处理这一个个前所未有的问题的过程中，我们就长大了。走向社会、踏入职场，我们遇到的类似“意外”越来越多，越来越琐碎。克服了它们，我们才变得越来越成熟。所以，不必为“意外”太多而烦恼，这是上天考验你的过程。先贤不是说过：

“故天将降大任于斯人也，必先苦其心志，劳其筋骨，饿其体肤”，经历过凡此种种，最后才能“增益其所不能”。

“意外”的存在丰富了我们平淡的人生。十年寒窗苦，日日重复一样的事情。十几年以前我上学的时候，我们那个有些闭塞的小城的中学，学生都是六点天不亮就被闹钟吵醒。妈妈起得比我还早，早早给我做了早饭，洗刷之后，七点刚过就开始早读。下午下课后，晚上我们还要“自愿”去上晚自习，直到九、十点才能回家。就是这样，最后同学们能上本科的也只有三分之一，完全不能和北上广的同学们比。我们每天重复着上课、吃饭、自习、睡觉的节奏，死水一般。忽然有一天，有一个男孩或者女孩走近了你，你们之间演绎了一段那个年纪才有的纯真的情感。这“意外”的一段时光是不是会比日复一日、“暗无天日”的灰色学习生活更值得你记忆？也许现在的小朋友们眼界更宽了、视野更广了，反正在我们那个时候，如果有这样一个人，彼此都会特别珍视。我们五六十人的高中班级中，这几年竟然有四五对最终走进神圣的婚姻殿堂，奇迹一样，梦幻一般。尽管静水流深，但是要是能有一颗石子投入波心，泛起圈圈涟漪，想来一定是一种美好的感觉吧。

我读大学的时候，广告专业还是比较冷僻的专业。我是第一志愿录取的，但是我的很多同学都是从经济、法律等热门专业调剂去的。能学到自己喜欢的专业，我当然心情还不错。吃饭、睡觉、打豆豆一个都少不了的。可那些调剂去的同学们就没有这么好的心情了。我有一个同学几分之差没有被自己的第一志愿工程造价专业录取，几番犹豫之后他还是来学校报到了。但是他和我们很不一样，他每时每刻都在打听什么时候有机会调剂专业，还时不时去工程造价专业听课。我很佩服他的执着，但是也深深为他担忧。不出所料，因为种种原因错过在校期间唯一一次换专业的机会后，他曾低落了很长时间。这件事对他打击很大，大到叫我们这些旁观者以为他可能就此消沉下去。但是事实怎样呢？如今的他在某著名国际广告公司干得风生水起，他是目前我们专业毕业后留在广告界的同学中处境最好、职位最高的。某次小聚，他说人生总是充满“意外”，真正投入到广告业，他才发现脑海中那些不安分的因子终于有了用武之地，假如当初真的去了那些工学专业，也许现在还在荒郊野外烈日酷暑下划线核算。命运给了他一个“意外”，却也给了他一个惊喜。我想这和我上了第一志愿的专业毕业后却改投他路一个道理。事前的爱不爱和最后的合不合适并不是一回事儿。很多年以后，你蓦然回首，方才醒悟，很多所谓的“意外”，其实都是冥冥之中命运的安排。

就好像我这个同学一样，每个人生活中总会有形形色色的“意外”发生，有些时候是我们的主观意志所无法左右的。但是你也一定要知道，这些“意外”的存在却未必会给你带来不好的结果。塞翁失马，焉知非福？既然有些“意外”是不可改变的，那就不妨坦然接受它，摸索着走下去，你会在这个过程中遇到困难、获得收获、感受乐趣，说不定就走到了你想要的地方，享受到了意想不到的成功呢！

第10章
对待婚姻要像对待
工作一样积极

◆ 关于爱与婚姻，我们真的知之甚少

台湾地区的文艺电影非常能够打动人，尤其在你身处某些情绪泛滥的当口，就更容易被打动。这些年，有两部宝岛文艺片曾经深深感染我。一部叫作《蓝色大门》，一部就是《那些年，我们一起追的女孩》。

知道《蓝色大门》还是在大学的时候，费尽力气从网络上找到影片。看电影的时候就像在回放自己的青春岁月。在提及这部影片的时候，一个镜头总会被我记起：绿灯亮起，张士豪用力蹬一脚自行车飞快地冲出去，他的花衬衫被风吹得猎猎飞舞。一路飞奔，到孟克柔妈妈的小铺吃一碗云吞，然后没头没脑地喊一句："我走了！"看完电影很长一段时间，我都能背诵孟克柔那段独白："小士，看着你的花衬衫飘远，我在想，一年后、三年后、五年后，我们会变成什么样子呢？由于你善良、开朗又自在，你应该会更帅吧。于是我似乎看到多年以后，你站在一扇蓝色的大门前，下午三点的阳光，你仍有几颗青春痘。你笑着，我跑向你问你好不好，你点点头。三年五年以后，甚至更久更久以后，我们会变成什么样的大人呢？是体育老师，还是我妈？虽然我闭着眼睛，也看不见自己，但是我却可以看见你。"电影中满是平静而琐碎的细节，流水一样的情境，没有太多的波澜，其中的温情却足以叫人终生难忘，这其实

也是最初爱情的滋味。在这里，我们再一次17岁。影片最后令人感慨地结尾，却剪不断长久的青春回忆。这是青春和爱本来的模样。

《那些年，我们一起追的女孩》上映的时候，我和妻已经认识十年，即将结婚。相约一起去电影院大概也是她的主意。那个时期的我，被工作上的事情弄得焦头烂额，正在苦心积虑地排遣汹涌而来的负能量。人的心情总是容易被外物所左右，那个时候真的感觉自己老了，所以也没有前几年那么积极地去追这部好评如潮的影片。不过，在坐定的那一刹那，我就被影片的情节深深吸引了。故事情节自不必再赘述，只说说其中深有感触的两句台词。一句是："成长最残酷的部分就是，女孩永远比同年龄的男孩成熟。就是这种成熟，让男孩招架不住。"自己十六七岁时遇到的女孩，比那个时候的自己要成熟得多。我常常差在外地学习的她去帮我买这买那，主要是那个时候最痴迷的校园民谣的磁带和CD，我从来不懂得说一句感谢，却总是责怪买得不够及时。我常常要她替我抄写讨厌的英语单词和语文课文，全然不顾她也有同样的作业。我常常关掉手机去踢球，去瞎转，却要求别人电话随时开机……她习惯于忍让。最后我们的故事如那个年纪几乎所有的故事一样收尾。失去的时候才知道宝贵，深夜里《手放开》的曲调曾经是那个季节唯一的旋律。我想她比我更早地懂得爱与尊重，她曾影响我，让我变得宽容。这是一个女孩更早到来的成熟，也是一个男孩恍然大悟的觉醒。很多年以后，我们都已经为人父母。再见之时，我一定会一如多年前一样大声招呼她。她不仅仅是一个人，还是我珍贵的青春岁月。只是，偶尔的联络，她却不像当年那般洒脱，这叫我困惑。但不管怎样，对那个季节和她带给我的改变，我始终心存感激。

第二句是"说不定，你喜欢上的，只是你想象出来的我"。虽然柯景腾反驳说"我没有你那么会想象"，可是，事实上在那个懵懂的季节，在学习的压力和父母的注视下，我们没有成年以后那么"自如"，我们只是单纯有好感而已。我们会把自己的期望的"性格"和身边人一些被自己欣赏的"特点"融合到那个人身上。最后的最后，我们不得不痛苦地承认，我们喜欢上的也许真的是自己想象出来的一个人。更残酷一点的说法是，我们一直在和“另外一个自己”深深地爱着。

有一本书，被称作婚姻指南，名字很有意思，《男人来自火星，女人来自金星》。作者是一个外国人，但是好似男女之间尤其是夫妻之间在观念、做法上的差异是超越国界的。我们迈入婚姻，是一个全新的开始，你们开始面对琐碎，开始面对柴米油盐。距离近了，摩擦就多了。要克服这些障碍，首先需要的是思想的改变。

有一句英语谚语叫作“If you choose a man means you choose his life way”。我们选择了一个人，并不是单单选择了这个陪伴在你身边的个体，还有他的思维、他的做法和他的价值观。世界上没有两个完全相同的灵魂。改变如此之难，所以我们要试着妥协，去换位思考，去设身处地地体谅对方。不要试图控制别人、改变别人，那样的结果注定失望，也毫无裨益。我们应该因爱而走近，因爱而宽容，因爱而改变，强扭的瓜不甜。

婚姻，绝对不单单是两个人的事。婚姻有一个涵义就是联姻，婚姻也是两个家族的事。都说婆媳关系是最难处理的关系之一，其实也没有那么复杂。之所以头绪纷乱，说到底就是因为没有把对方当作自己的亲妈、亲女儿，所以心存芥蒂，然后日积月累，有了隔阂。两个不同的家族走到一起，需要和两个人走到一起时一样，换位思考、宽容体谅。分得太清往往就会把婚姻看作一个“零和”事件，厚此薄彼。婚姻是两个家族的喜事，是一加一大于二的集合，一定要摒弃“零和”的观念，为“双赢”而想方法作努力。

面对婚姻，你还要记得，婚姻是一件成本极高的事。两个人卿卿我我、你侬我侬的时候，除去感情好像其他的都不重要。而一旦谈婚论嫁就需要付出巨大的成本。这个成本不单单是指物质上的投入，也在于你需要全身心地扑在上面，并付出巨大的改变。就连契约成本也异常高昂，一旦发生毁约，失去的物质的精神的代价甚至足以改变你的一生。所以，请慎重地看待婚姻，严肃地对待它。

爱与婚姻，是人类社会永恒的焦点话题，每个人都身处其中。我们自以为已经了解，其实知之甚少。作一个聪明的参与者，努力地去学习和适应，好好驾驭自己的情感，使它成为你人生之舟的活水，不要让落水的悲剧发生。

◆ 理智地思考你想和谁过什么样的生活

女孩和男孩青梅竹马，他们是小学同学、初中同学，高中也在邻班。就如同很多青春故事一样，他们在冰雪纷飞的日子里开始相爱了。

非典的那段日子，学校要求同学们中午要在学校吃饭，他家住得很远，所以她每次都叫妈妈做两个人的饭菜。某个周五放学她随口说了一句好闷想出去透透气，周六的早晨她推开窗户，看到他已经穿戴整齐要带她去郊外爬山……在那个年纪的他和她心中，爱很朦胧也很简单，彼此喜欢就好了。

日子一天一天地过去，很快他们就要大学毕业了。临近毕业的那段时间，他们都很忙碌，学艺术的女孩决心去广州，男孩却打定了主意要回家子承父业。起先他们都觉得这不是问题，大学分开这么多年不是也轻松过来了。刚刚进入社会角色的女孩很有事业心，一心扑在工作上，渐渐让男孩有了被冷落的感觉。思忖良久，他动员她回家里来帮着父母一起打理生意，她不愿意。她说她学了这么多年艺术，如果离开了北上广，也许她就再也不可能从事自己喜欢的事业了。在彼此的坚持中，他们有了争吵，隔阂越来越多。

和很多俗套的故事一样，在一次大吵之后，她动摇了。也许是始终不乏优秀追求者的现实给予她充足的自信，她相信自己无论和谁在哪里都能拥有自己想要的生活，于是她选择了失踪。

此后男孩想尽了办法去寻找她，可是毫无结果。她在这个世界上消失得无影无踪。

好多年以后的某个傍晚，在家乡广场上陪女儿放风筝的他被眼前的人吓了一跳。她站在那里，依然美丽却多了几份沉静。她说，女儿这么大了。他感觉大脑一片空白。定神定了好久，他才问这些年你去哪里了？她轻描淡写地说，跟一个愿意陪她私奔的男孩去了国外旅游，都没告诉自己的父母。玩了一圈，新鲜感过去，无所事事的他们只能回国，不久他们就分道扬镳。她曾经无数次在夜深人静的时候想起那个他至今仍在使用的电话号码，她认为他一定会再来找自己。但是，不久他就结婚了。

人生充满巧合，回家看望父母的她竟然在这里遇见了他。

安顿好女儿，他们相约吃饭。她说人应该珍惜最初的情感，最初的情感不单单是一份纯真的爱情，还是人青春岁月的见证。选择在一起的时候，也许你还不完全清楚你究竟喜欢什么样的人，但那个年纪的决断一定是一种潜意识的表达。她会不自觉地将后来遇见的人和他比较，却总有“过尽千帆皆不是”的感觉。

他忍了很久终于忍不住问了那个困扰了他无数个夜晚的问题“为什么？”她笑笑说，不为什么。很多时候人会做一些自己都无法理解的事。那个时候的她非常害怕他会把自己从广州拉回来，过上叫她恐惧的早起早睡、洗衣做饭的生活。她害怕小城市的人情世故、厌倦小城市的叽叽喳喳，而他都没问她的感受就执意要她回来。她抵触且反感，无法说服他，也无法改变自己的主意，所以只能不告而别。

他露出难以置信的表情。她接着说，可是我还是没有能改变女人的宿命，现在的我，除了自由是我想要的，家庭、爱情、生活都没有。我做了一个不够聪明的决断。但是能看到你现在很幸福，真的为你高兴。后来，她飞回了广州。她又从他的世界里彻底消失了。

女孩给我们讲这个故事的时候，眼角有泪。她说年轻时候冲动付出的代价，她在慢慢偿还。年轻时候她把自己掌握自己的命运看得比命还重。她认为最可敬佩的女人是绝对不可能日日与锅碗瓢盆为伍的。要经济独立、人格独立，不能依附于任何人。现在她做到了，只是她却一样要每日柴米油盐，完全自由了却总是在孤独的时候感受到自己的脆弱。

年轻时候的她认为自尊值得用一切代价去捍卫。无论做了怎样错误的抉择，总是坚定地认为自己是对的，不肯低头，更不肯回头。她坚信“不要低头，皇冠会掉。不要流泪，敌人会笑”。这些年她被人尊敬、为人友善，是一个好同事、好伙伴，却始终没有一个好伴侣，没有自己想要的好生活。

年轻时候的她以为爱一个人就能“海内存知己、天涯若比邻”。以为无论她走到哪里，都不会失去他。她甚至以为等自己玩够了一个人回来了，他一定还会翻山越岭来寻找自己。事实上，他努力了，寻找了，最终却放弃了。

这个世界上没有假设，我们的人生是一条没有回程的单行线。与其马马虎虎迎接一个不想面对的结局，不如理智地选择你想和谁过什么样的生活。我们才二十多岁，思考的时间还有很多，为什么不多留一点思考的时间给自己，却急于做一个可能会影响自己一生的抉择？“此情可待成追忆，只是当时已惘然”的诗句固然凄美，却是每个人都不愿面对的结局。

所以，善待自己，理性抉择。

感谢我的朋友，希望你在他乡一切都好。感谢你贡献自己的故事给我，感谢你分享自己的感悟给我。愿你早日得到你想要的幸福。

◆ 你是谁，就会遇见谁

有一个小伙子刚刚开始独立生活，需要置办一些家具，于是他去超市买。最急迫的是需要先把锅碗瓢盆置办好。他不知如何挑选，就打电话给自己的妈妈，问挑选瓷器有什么诀窍。妈妈告诉他，把两件瓷器轻轻碰撞，听到的声音均匀、清脆，就证明这是一件好瓷器。于是，他拿起一只碗做实验。试了一只，声音闷闷的。又换了一只，还是一样。再换一个品种，结果还是一样。他非常失望，打电话给妈妈说超市的盘和碗质量都不好。妈妈起先很疑惑，后来豁然大悟地问道，是不是你拿来试验的碗是个残次品？小伙子拿起来一看，手中的碗果然已经有了一条明显的璺痕。

常常听到很多朋友抱怨自己没有异性缘，或者自己遇见的人不够优秀。更有甚者，总是把自己爱过的每一个人都说得一文不名。我感到无法理解，曾经一起走的人都是你自己的选择，不管他优秀与否。如果所遇非人，一个还可理解，如果每一个都不好，你就要反思你自己了。把和自己曾经最亲密的人说得如此不堪，难道不是在打自己的脸吗？所以不要抱怨自己总是遇人不淑，先要反思，自己是否足够优秀。

月下老人手中的红线，看似随意，想来冥冥之中早有定数。你是谁，就会遇见谁。

从前，我一直觉得人选择伴侣还是选择性格互补的人比较好。可是当学医的女生出现任何问题都要从人的生理学上追根溯源的时候，当学习土建的女孩用超理性、超镇定的表情和眼神对待你的小惊喜、小浪漫的时候，我觉得需要互补的地方太多了，连沟通都很困难。你们大多数时候都只能一个讲、一个听，过一会再换过来，基本上鸡同鸭讲，讲到最后都索然无趣。

后来，试着听从别人的意见去找一个有共同语言的人，你们都爱好文学、喜欢艺术，热爱旅游，喜欢摄影。起先的一段时光，满是“兴奋”的回忆。对，不是“幸福”，是“兴奋”，你们可以就一个共同关心的问题讨论上一天，各自回去考证一番今天讨论的结果，明天接着讨论。你感到庆幸，世界上真的有这样一个人，能关心你关心的每一个领域，你们有说不完的话。只是，好景不长，你们慢慢地有了隔阂。因为，正是你们都对某一个领域无比热爱，所以你们对自己的论点无比自信，意见有了分歧，就难免争吵。看似微不足道的小事，最后却总是容易伤了和气。久而久之，裂痕越来越深。

摔倒了就会记得疼，就会躲开摔倒的地方。慢慢地，你开始希望有这样一个人，他和你有共同的价值观，共同的奋斗目标。你们有很多的共同语言，但是却有各自更加关心和擅长的领域。共同语言保证你们可以不像陌生人一样面面相觑，各自关心的领域保证你们对对方的论调没有那么在意。这样的选择或许才足够坚韧，可以抵御风吹雨打；足够长久，可以保持相互间的新鲜感。

你遇见谁，其实只是一个关乎你自己的私事，与“天命”、“姻缘”没有什么关联。

你夜夜疯玩，出入声色场所，遇见的想来不会是一心读书、勤奋耕耘的老实人。你期待用婚姻改变命运，靠婚姻带来财富、地位，那也请做好在婚姻中被人颐指气使的准备；在指责伴侣疏离自己的亲人、朋友的时候也请反省你是怎么对待他的亲朋好友的。你常常大发脾气、歇斯底里，和你同床共枕的人又怎么可能彬彬有礼，对你相敬如宾呢?

你要找的那个人，其实就是另外一个你。你眼中的对方，和别人眼中的你其实并无两样。两个人之间只有妥协，而不可能真正改变。如果期望对方永远忍让，那注定徒劳无功。期望对方改变，还不如自己先改变，靠自己的改变去影响对方。看似曲折，有时候却是最最简单和可能的方式。

我很喜欢苏打绿乐队，硬盘里有他们2009年台北小巨蛋演唱会的视频。昨天再回放的时候记下来这样一段话：“人一定会成长，会越来越成熟，没有人可以停止不变，但是我觉得改变，最大的都是外界看我们的眼光，和那些摇摆的怀疑，对我们来说，一直要做更好的音乐这一点从来都没有改变过。希望你们永远相信我们……”，请把这段话里的“音乐”换成“自己”。如果有这样的决心，这样的感悟，我想，我们早晚会变成那个自己期望的自己，也早晚会遇见那个我们期望遇见的人。不需要惊人的美貌，也不需要附着财富、地位，只要是一个真实的灵魂。

就像某著名电视节目主持人在访谈中说的：“不用去关心你将来遇到的那个人是怎样的，只要努力去做最好的自己，足够美丽、足够智慧、足够优秀，然后等待。出现的那个人，就是了。”

说得真好，不是吗?

◆ 如果你对自己没有信心，他也不会给你安全感

一直以来，老是听很多女生说起“安全感”这个词。可“安全感”是什么？就我自己的想法来说，“安全感”这个词应该是一种感觉，一种对方对自己不离不弃，生活对自己充满回报，自己对未来充满希望的感觉。

用搜索引擎搜了一下，网络百科把“安全感”解释为“人在社会生活中有种稳定的不害怕的感觉，是对可能出现的对身体或心理的危险或风险的预感，以及个体在应对处事时的有力或无力感，主要表现为确定感和可控感。”好晦涩。

安全感的来源多种多样。马斯洛的“需求层次论”把人的需求分成生理需求、安全需求、社交需求、尊重、自我实现和自我超越需求。由马氏的理论，我认为安全感首先是一种物质上的踏实感。人必须能吃饱穿暖才能想别的。如果衣食无忧了，我们必然会注重自己内心的感受。这种感受被满足，就是享有“安全感”的基础。

对于男女来说，我觉得有人听、有人信，敢于承诺、信守承诺是一种“安全感”；彼此诉说、彼此倾听，一起商量、一起面对是一种“安全感”；相互珍惜、相互体谅是一种“安全感”；彼此忠诚、互为唯一也是一种“安全

感”……更不用说彼此共同成长，一起改变。

不离不弃可以给予人一种基本的“安全感”。但是这种不离不弃不是一种凭空而来的“愚忠”。如果是那样，不但并不珍贵，实际也不长久。因为我们的社会价值观越来越多元，诱惑越来越多，仅仅依靠内心的一种期望就要把一个人永远束缚，根本不可能，即使真的可以实现，无疑也是非常自私的。

真正的不离不弃，应该是一种磁铁般的相互吸引。这种吸引来自于彼此之间对对方强大的吸引力。很多伴侣从特殊年代走来，因为外力走到一起。当物质条件极其匮乏的时候还能相互扶持，等到生活条件优越之后，却愿意舍弃已经获得的一切去追求自己“真正”的“爱”。这样的做法，虽然道德上我们无法认同，可是静下心来想想，倒也很好理解。这个世界最优质的黏合剂也无法将两个独立的物体完美融合，而只能是“贴合”。

不要老是担忧自己无法“拴”住对方，这种获取“安全感”的努力是徒劳无功的。如果你不够优秀，那你注定没有吸引力，也就注定不能获得你想要的安全感。使自己变得优秀，变得独一无二，使自己每一天都是“新”的，才能使感情战胜长期相处带来的“疲惫感”。就好像是电磁铁，时间久了，磁力不那么强烈，我们就需要时不时地给自己充充电，这样才能使自己保持恒久的强劲“磁力”。

由此可见，“安全感”是自己争取来的。它首先是一种与伴侣一起奋斗的共同信仰。你们相处融洽，有共同的人生哲学，生活起居都能同步，和彼此的家人其乐融融，彼此需要又彼此依靠。少有争执、少有拆台。你们共同走过了人生的风雨和坎坷，哪怕垂垂老矣，也能彼此依靠。你们慢慢地变成了一对合在一起才能前行的拐杖，这种踏实的感觉就是你一直期望的“安全感”。

“安全感”还应该来源于两个人共同的人生目标。我们要成为对方人生历程里那个一路同行的人，奔着一个共同的人生目标前进。我们为了“使我们的未来更美好”的目标，相携一生，努力奔跑，共同战胜人生路上的荆棘。假如真的是那样，我想，你根本就没有时间不自信，你的所有心思都在一起前进的脚步上。

我们常常忽略一个问题，就是很多的争执往往都源于小事。很多的离合，都在于过于计较。所以，这种“安全感”还应该来自于共同的前进步调。不要太计较那些微不足道的小事，有的时候忍让是一种大智慧。感情是一种“双赢”的事情，千万不可有“零和”的观念。很多人，尤其是很多女孩，总是在感情里过于强势，希望能够掌控一切。可事实上，即使掌控了一切你还是得不到所谓的“安全感”，这是为什么？真正的彼此吸引根本不需要“占有欲”这种东西，“占有”彼此靠的是看不见的内心，绝对不是处处设限的“掌控”。小时候我们都玩过绑住腿一起走的游戏。想一想，再坚固的绳索，也绑不住两颗不同的心，反而是一起喊出“一二一”前进的号子更能步调一致。

既然如此，与其费尽心思地去获得“安全”，不如做好自己去“吸引”对方更有效些。

◆ 不要和消耗你的人在一起

托尔斯泰说，幸福的家庭大都相似，不幸的家庭却各有各的不幸。引申一下，幸福的婚姻都差不多，不幸福的婚姻原因却多种多样。观察很多婚姻失败者的情感之路，其实这所谓的“失败”都有迹可循。他们所选择的人不是“对”的人，这些人没有带给你幸福，却给予你满满的负能量。

不要和消耗你情绪的人在一起。我有两个同学，前年他俩结婚了。这么多年，很多人并不看好他们。因为男生脾气超级臭，动不动就大动干戈。不过还好，一来男生最多吵吵两句，绝无暴力之嫌，二来女孩从来不会记在心里，过后就忘了。后来，作为身边的朋友，我们看着他俩吵架的次数从多到少，从少到无。再后来他们结婚了，现在他们有了可爱的宝宝。妻问女孩他们幸福的诀窍是什么，她说三个字，不计较。她说前几年自己几乎要放弃了，可是还是不舍，想想风雨无阻的来时路，忽然看明白了。她和他约法三章，要发脾气可以，但是绝对不在对方微笑的时候发火。就这样，女孩用自己的笑容化解了一次又一次激烈的情绪。一切都慢慢好了起来。不得不说，这是温柔的智慧，是用温柔化解负面情绪的智慧，是以柔克刚收获幸福的智慧。

不要和消耗你耐心的人在一起。以前有个好朋友，她和初恋男友从十几岁认识后一直在一起，彼此见证了对方最宝贵的青春岁月。男孩各方面都很好，就算她说脾气有点大，在我们外人看来也还说得过去。但是，大学毕业的时候他们悄然分开了，从此之后再无任何交集，连同学聚会也是一人若去另一人定会缺席。我曾经问过她何必这么决绝。她说不是她决绝，是她的心已经被伤害得连容纳一次相见都不能。以前在一起的时候，因为年少，彼此都有错，互相伤害。她无数次请求他不要用刺刀一样的话刺激自己，但是每一次他都会狠狠地刺激她、伤害她，然后乞求她原谅。终于有一次，她忍无可忍，决绝地拒绝了原谅。现在的女孩，有一个幸福的小家，有一个虽然木讷却懂得关爱她的老公，有一个虽然平凡却懂得包容的爱人。我们深深为她欣慰，也为她高兴，庆幸她离开了一个消耗她耐心的人。

不要和消耗你金钱的人在一起。人家都说金钱是身外之物，“生不带来、死不带去”。可就是为了这身外之物，多少人“熙熙而来，攘攘而往”，为了“方孔兄”奋不顾身。我上学的时候，我的小伙伴们每每看到某某年迈的富豪又抱得青春年少的美人归，总会恨恨地说“等我有了钱……”。也许你会觉得你的金钱足够多，多到即使每天挥霍都花不完。所以，你有了及时行乐的念头。但是，我觉得这样的满足感非常低质，也不长久。我们都期待因为爱而走近的感情，干净透明没有杂质，不要让金钱亵渎了感情这么美好的词儿。

不要和与你不是一个“频道”的人在一起。面临婚姻，很多时候我们这一代人的“任性”是我们的父母所无法理解的。我表弟毕业那段时间，工作还没有落实，只能先在家待业。如果可以用一个词来形容这段日子，他说他要选“潦倒”二字。只是因为他外向又英俊，洒脱又风趣，所以他并不缺异性朋友。家里人催他相亲，给他介绍了某医学女硕士，我们那里市医院的医生。大家刚开始印象都蛮不错，于是就经常在一起玩耍。没多久，一贯乐观积极的表弟开始变得沉默。他悄悄告诉我说，女医生见到他从来只会给他普及医学常识，再么就是介绍医院各个科室。虽然家里人万般不解，可是文科男忍无可忍，最终和女医生分道扬镳。表弟说我宁肯天天和电脑过，天天和电视过，也不愿和完全不在一个“频道”的公主过。我很佩服他的魄力。面对同样困境的时候，很多人尤其是女孩要牢记，莫忘初心，不管对方条件多么优越，如果没有共同语言，一定要想清楚再做决断，不要为了外物而选择和一个谈不到一起的人在一起。

我希望我们每一个人都能和一个能给自己正能量的人在一起。当你懈怠的时候，他能像充电器一样给你充满电，使你鼓足力量。当你悲观的时候，他能像励志大师一样鼓励你，带你走向远方。当你脆弱的时候，他能够给你一个坚实的臂膀，牵着你一起去寻找阳光。这才是叫人欢欣鼓舞的人生历程，这才是叫人奋不顾身的爱情。

选择一个可以改变你人生的灵魂，而不是一个只会消耗你的人。

◆ 和谐相处的学问

我们选择了一个人，意味着我们选择了他的家庭。我们就要学习这个家庭的处世哲学，接纳这个家庭的社会网络，作这个家庭和谐的一分子。

都说婆媳关系是千古难题。对此我有一个观点：婆媳关系的好坏，关键不在婆婆和媳妇身上，而在儿子身上。人体的骨骼非常坚硬，关节处的两根骨头为什么不会因为天天摩擦而磨损？原因就在于关节处有了软骨和滑液的润滑作用。假如我们把婆婆和媳妇比作这两根骨头，那么儿子就应该充当这个软骨，就应该用自己的智慧充当滑液，打通隔阂、化解矛盾。一般来说，婆婆和媳妇相处的时候有一种天生的优越感，儿子是我身上掉下来的肉，理应站在我这一边，于是时不时就会有比较强势的言行出现。作为儿子和媳妇应该知悉母亲的这一心理。媳妇不必太过于计较表面的一言一行，毕竟母亲也不会“害”自己的儿女。儿子要注意疏解妻子的焦虑情绪，在事后或者私下里多多开导和安抚。另一方面，面对母亲提出的意见和建议，儿子的话会远远比儿媳的话管用，儿子也应该抓住这种优势，在合适的、私下的时机将自己和妻子一些意见告诉母亲。作为新时代的女性，母亲自然能够理解儿子的良苦用心。同样的道理，女婿和岳父岳母相处的关键就在于女儿。

冲突的双方在矛盾发生的时候很难真正做到换位思考，站在对方立场上想问题。这个时候其他的家庭成员就要及时站出来，充当折冲和安慰的角色，这才是“家”的含义。

矛盾需要积极地化解，切不可不声不响。沉默并不是解决问题的好办法，反而容易积蓄双方怨气，造成今后某时的大爆发。作为晚辈如果有错，一定要诚恳地向长辈道歉，说明缘由。人家都说“抬手不打笑脸人”，不管你错得多么严重，孩子就是孩子，只要认识到错误，决心加以改正，长辈断然不会有继续苛责的理由。如果长辈有做事不足的地方，也许会碍于情面不愿明说，但是一定会在言行举止中表露出来。晚辈不必把自己所谓的“自尊”看得太重，人们不是都把老人叫作“老小孩”吗，小孩子任性的时候没有几个家长会往心里去，大家毕竟是一家人，和和睦睦最珍贵。

家庭成员之间有了龃龉，第三者最最忌讳偏袒一方、压制一方。按我们老家的话说，这叫作“拉偏架”。这种做法很容易彻底激起被压制一方的怒火，而且很难使双方重归于好。我有个同学总是在社交媒体上抱怨命运对自己不公，其实细问之下并没有什么严重的问题。只是因为出生在南方的她嫁到北方之后在生活习惯上和家人多有不同，而她老公一旦发现她没有和家里人完全同步，就要对她横加指责，更不用说她和婆婆偶有意见相左的时候了。“拉偏架”是一种很容易伤害别人自尊心的做法，己所不欲、勿施于人。

要勇于承担责任。自己作为家庭的一分子要对家庭的未来满怀关心，要同呼吸、共命运，不要斤斤计较现时的一己得失。很多人走进婚姻之后，总是嫌弃别人不把自己当家里人。这个时候你应该扪心自问，你有没有把自己当人家家里人？在一家人遇到难处的时候，你是不是感同身受，积极地想办法出主意？当涉及利益分配的时候，是不是真的和一家人一样不在乎一点一滴的得失？又是不是真的把对方的父母当成自己亲生爸妈一样侍奉？不要在“同甘”的时候想到自己没有被接纳了，需要“共苦”的时候你去哪里了？

要甘于奉献。确切地说，“奉献”这个词用在这里并不合适。其实在自己家做个家务能算奉献吗？给老人敬敬孝心算奉献吗？不算。说到底，就是要把自己当作人家的家人。很多矛盾丛生的家庭往往就是由于成员过于看重自己的一亩三分地，忽视了整个家族的和谐。多动手做一次饭、主动做家庭卫生、闲暇的时候一起去郊游，年轻力壮的时候多承担一些是一种福分，不是一种负担。

要善于转化矛盾。每个家庭磕磕碰碰都是难免的事，有人就说这些琐碎的小事才是“生活”的本质。我们要本着“静坐多思己过，闲谈莫论人非”的心态去看待磕碰，反思自己的不足。“退一步海阔天空”，本来一家人就是一个整体，退一步、退两步都谈不上“损失”。尽可能地顾全所有人的想法和意见，实在不能照顾也要坦率地告知结果。要把矛盾转化成以后更加和谐的动力。时不时坐下来谈谈最近发生的家长里短也是一种幸福。总比一年365天，大家的交流只是每天下班后拿出半个小时来一起吃晚饭，吃完抹抹嘴就走好得多。我们每个人都要尽一份力，使外人看起来，我们是和谐的一家，家里人自己说起来，感恩自己生活的幸福。

做好自己是一门学问，做一个和谐家庭的一分子也是一门学问，都离不开敏锐的观察和认真的体悟。

◆ 不忘初心，方得始终

每一个经历过花季雨季的男男女女都有这样一个感觉，当我们懵懵懂懂地接近“爱情”的时候，我们的心是那么的干净，我们在意的无他，只是“喜欢”。也许那个年纪的我们还不懂那些叫作“势利”的事物，也许是初次遇见所以我们比后来更加珍惜，那个时候我们爱得那么真，爱得那么纯。我们不在乎她红红的脸蛋上是不是布满青春痘，不在乎他是不是打完篮球一身汗臭，不在乎他成绩如何是不是调皮捣蛋，更不在乎他爸爸妈妈是不是高官是不是大款。我们在乎的只是我们的内心，在我们的心里，“爱情”无比神圣。

不知道是该欣喜我们的成长，还是该慨叹童心的失去。长大以后的我们，面对爱情尤其是婚姻的时候，开始忽视自己的“心”，我们开始在乎对方是不是美貌，工作是不是稳定，家庭是不是富裕，开始为了“爱情”以外的事情走近一个人，甚至是和一个还很陌生的人走进婚姻。

是什么叫我们变得如此功利，是什么使我们远离“初心”？

不要被一个人的外貌迷惑。二十多岁的年纪，青春年少，几乎每个人都是“外貌协会”的成员。欣赏美和接近美是和吃饭睡觉一样的天性，本来无可厚非。只是凡事需有度，切不可把一个人的外貌和内心等同起来。小时候我们看的电影电视里，外貌沉鱼落雁的姑娘却总是有一副蛇蝎心肠。长大了，知道艺术来源于生活却总是高于生活，心灵美外表也美的人比比皆是。我看过一篇新闻，说山西有个菜农在家挖菜窖挖出一个古墓，墓中空无一物，唯有墙上两行朱砂示人：墓有重开之日，人物再少之颜。岁月沧桑之后，终有容颜老去那一天。所以我们要有一副穿透脂粉的锐利眼神，寻找那个与你心灵契合的人。

不要太过于在意他口袋里的金钱。20出头的年纪，兜兜里有个巧克力不足为奇，要是口袋里多是大把的钞票，这钱估计是爹妈给的可能性比较大一些。我们都知道有一个成语叫“见钱眼开”，但是我想大多数人没有见识过足以叫自己“眼开”的钱。我大学有这么一个同学，她说她穷怕了，所以她一定要找一个有钱人，其余的她都不在乎。毕业后半年就嫁给了一个大她20岁的“有钱人”。好久好久没有她的消息了，不知道她过得好不好，有没有过上她想要的生活。我对别人的选择不做评价，但是我想我们每个人哪怕出身贫贱，我们的人格却一定要和别人一样高贵，如果你仅仅是因为钱而选择了一个人，那是不是意味着你把自己当成了一件可以高价买到的商品？

当外貌、金钱、工作等这些“外物”开始占据我们内心重要的位置的时候，我们的“初心”就渐渐淡了。我们期待的幸福也就变得不确定起来。

我不知道读书的你是不是相信“一见钟情”。现实生活中确实有很多情侣是所谓的“一见钟情”，从一而终的。但是我始终认为，这种“一见钟情”和经历一段时间的了解后走到一起的感情没有太大不同，都是发现彼此合适而相爱，区别只是“第一印象”好一些和差一些而已。踏入社会以后，感情会变得越来越慎重，因为很多时候它会牵涉到双方的朋友、家庭和工作等等。所以，即使以后走不到一起，也能好聚好散，留下一份美好的回忆。最好能够经历长一些时间的相互了解。在了解中，你能慢慢接近自己的内心，知道什么是你真正想要的。冲动的感情大多以失败收场。感情和婚姻不是在演戏，重来的代价太大，我们还是小心慎行比较好。

第11章 如何获得你的身份资本

◆ 做可以增加你自身价值的事

什么是自身价值？我觉得所谓的自身价值，可以包含几个方面的内涵，一是自我认同，一个人如果自己都看不起自己，估计他每天都过得好艰难。二是被他人认同。人活在这个世界上，难免要和周围的人打交道。如果你生活在一个对你有较高美誉度的朋友圈子里，那你做任何事都能找到抓手，就如入水之鱼，肯定活得特别自在。三是被社会认同。当人衣食无忧、事业有小有成就的时候，他就开始期盼被社会承认。

人要获得自我认同，首先要对自己有底气。这种底气来自于对自身情况的深刻了解。知道自己可以不依赖任何人的存在而活，很好地活。靠自己本事吃饭，不至于冻饿街头，不至于衣食无着，也不至于孤苦伶仃。这种自信需要内心深处积存的深厚能量。要拥有这样强大的内心，需要丰富的知识、练达的人情、时刻清晰的方向感和百折不挠的韧性。小时候在家里调皮不听话，家族里一个爷爷辈的长辈就喜欢训斥人：“你在学校里学的什么！”那个时候非常不服气，我在学校里学了语文、学了数学、学了外语，但我没学怎么不调皮！可是到了大学，忽然才醒悟原来学校还真不只是个学习知识的地方，厉害的人在这里拿到学位，还找到了伴侣，有的连将来的事业也布局好了。证书一到手就卷铺盖走人，回头就西装革履事业有成了。所以，如果你还在学校里，那请一定珍惜这貌似闲碎实则宝贵的时光。要是你和我一样已经在社会上摸爬滚打若干年，那也不打紧，别老是借口忙忙忙，你就看我吧，一天上班十小时，哄孩子两小时，还要看书两小时，交友一小时，琢磨挣钱一小时，剩下八小时睡觉，连陪媳妇的时候也没有。

要想获得别人的认同，要我看，比获得自己认同反倒是要简单一些。与人相交，我始终信守的一点就是，以诚相待。不管是工作中还是生活中，你总会遇见一些你喜欢的人，一些你不喜欢的人，这个时候我们需要摒弃自己的喜好，把完成工作放到第一位。面对改变不了的事要学会适应它。你还应该学会就事论事。我爸常跟我讲，不管你对面的人水平比你差多少，位置比你低多少，抑或者他在跪着向你乞讨，也都要平视对方。人的财富有多少，职位有高低，可是没有一个人的灵魂比别人更高贵，要学会尊重别人。最后一点是我的一点小小感触，就是不说外行话，不干外行事，不轻易给别人建议，也不轻易叫人给自己评价。与人为伍，姑且不论做工作的时候谁主谁次，总有人喜欢充专业。如果你知之甚于别人，当多照顾别人自尊，如果本就技不如人，那指手画脚越多就越暴露自己的无知。如果你对一件事本来就不够在行，不经大脑地胡乱给人建议，你能承担别人的信任吗？

我们这些凡夫俗子，能上升到需要社会认可的可能性不大。但要是真的到了那一步，我有一个建议，就是多在力所能及的范围内做些善事。“集小善成大善”，“勿以善小而不为”。说实在话，被这个组织那个部门授予的奖项或者称号，到最后根本没几个人记得。可要是真心为别人做了一点事，就算其他人不知道，受助者心里会记你一辈子的好。常常在报纸电视上看到若干年后要寻找恩人的新闻报道，不就是例证吗？

一个人有一个人的路，一个人有一个人的活法，不管怎么样，始终对自己诚实，别怕麻烦，多做一点长自己本事、给别人帮助的事，总是不错的。

◆ 找工作，你的卖点在哪里

新东方的创始人之一徐小平先生讲过《一位五次面试均遭失败的求职女生》的故事，说的是一个名校毕业的漂亮、优雅的女生想找一份化妆品公司的销售工作，被五家公司面试但都被拒绝的故事。姑娘被拒绝的原因在于她既没有为获得这份销售工作做好功课，也没有学会与面试官打交道，展示自己的实力和对这份工作的热情。我把徐先生的一段话摘录下来，大家就明白了。“这五家公司，肯定每家都问了你同一个问题：你有没有相关的销售经验？而你的回答，一定是……没有！女生抢在我前面回答。我说：你明明有这方面经验，岂能说没有呢？你平时买化妆品吗？当然！那你可以告诉面试官，你把每次买化妆品的过程，都当作是一次考察销售的体验，体验销售的过程和销售的感觉。虽然你并没有直接做过挣钱的销售工作，但你每次向同学朋友推荐你喜欢的化妆品，都是一次自发的销售行动……”

自从我开始转向人事工作之后，我对求职面试这件事尤其关注，这几年下来，也有了一点自己的感悟。

自信是每一个面试官都非常看重的特点。山东是孔孟故里，乡人对教育异常重视，所以山东的高中生压力是最大的，山东的高考二本线比很多省的一本线还要高好多。山东人又很因循中国人的传统，信守“学而优则仕”的信条，山东的青年总是为了考公务员挤破头。但就我自己的感觉来说，很多公司的招聘主管并不太喜欢这些成绩优异却略显胆怯和木讷的同乡们。他们是很好的执行者，但是更像流水线的机器人。他们不是有自己思维的有活力和创造力的一员，他们大多只是安分守己看好自己一亩三分地的本分人。这些特点在充分竞争的环境中很难叫人眼前一亮。请你一定要记住“过分的谦虚带给别人的印象就是不自信”这个道理。自信，是职场上放之四海而皆准的真理。如果你足够强大，自信可以帮你脱颖而出。如果你能力不够突出，自信也足以叫人对你印象深刻。

展现你的教养，展示你对这份工作的热情。初入职场的年轻人，往往对工作抱有一种“不挑不拣”的态度，虽然面对公司的面试者都会言之凿凿地强调自己“非本公司不入”，但往往还没出公司就会把面试相关的资料扔到垃圾桶里。曾经有一次陪同主管面试新人，面试前他让助理给每人发了一本公司的介绍材料，然后就开始观察各位面试者的反应。他首先把认真看资料和随手把资料一放的面试者分开，找借口打发后者回家等消息。然后把认真看资料的面试者叫进房间，随口问几个有关的业务问题，最后送走他们让助理观察每个人的反应。凡是出门就把资料扔到垃圾桶的，表现再出色也淘汰掉。人都是情感动物，你可以换位思考一下，别人叫到你公司面试你却回头就把公司的材料扔到垃圾箱里，这样的人会是一个对公司有热情和责任心的人吗？起码的责任和尊重一定要显现出来。还有，在与公司的人包括面试官交流的过程中，要适时地表现出自己对职位的熟悉，毕竟谁都喜欢雇佣一个熟手而不是一个一无所知的人。

做一个善于变通的灵活的被领导者。信守原则是一种优秀的品质。但是就我自己的观察来说，一个优秀的员工必须首先是一个个性灵活、千方百计完成工作的被领导者。很多的时候，你的上司并不会事无巨细地告知你如何去完成工作，而只会给你指明目标。如何完成工作你需要激发自己的积极性和创造力。所以，在这种情况下，你就需要充分发挥你的主观能动性。职场上，尤其是在公司里面，大家有一个共同的目标就是为企业创造价值。在这个前提下，很多时候需要我们展现自己的灵活，在服务核心目标的前提下，繁文缛节该简略的简略，墨守成规的结果很可能是你被疏离到核心团队之外。

展现你的主人翁意识。我们需要一个善于变通的被领导者，这并不意味着我们需要一个只知道服从的机器人。我见过很多“聪明”的员工，他们极其善于自我保护。在自己的一亩三分地之内小心翼翼，不求有功但求无过。对别人工作范畴里的事，事不关己高高挂起。实事求是地说，如果我是这个团队的领导者，我绝对不会喜欢这样的员工。因为我们的核心目标是为企业创造价值，进而实现自我价值。如果是在你自己家，你会任由房间的灯亮一夜吗？你会任由自己的宝宝哭喊一夜不管吗？当然不会。任何企业都不养闲人，如果你没有主人翁意识，不把整个企业当自己的家，不去展现你的主人翁意识，你也一定不会被接纳。

每个人都有自己的优点，每个人也都有自己的短处。在求职入职的路上，我们应该“闪亮”自己的优点，克服自己的缺点。这样你才是一个卖点十足的香饽饽。

◆ 选择你的朋友——闯荡社会的“基本配置”

20世纪60年代，美国心理学家米尔格朗设计了一个连锁信件实验。米尔格朗把信随机发送给住在美国各城市的一部分居民，信中写有一个波士顿股票经纪人的名字，并要求每名收信人把这封信寄给自己认为是比较接近这名股票经纪人的朋友。这位朋友收到信后，再把信寄给他认为更接近这名股票经纪人的朋友。最终，大部分信件都寄到了这名股票经纪人手中，每封信平均经手6.2次到达。所以，他认为世界上任意两个人之间建立联系，最多只需要6个人。由此，米尔格朗提出了著名的“六度分割理论”。

你看，事实上，这个世界那些貌似非常厉害、非常成功、非常强大的人距离我们也不算遥远，最多转折几次我们总能和他们搭上关系。

谁也不能在社会这张大网中独善其身，可是如何才能配置一张足够支撑你在社会上活蹦乱跳的大网呢？一句话讲了好多次，“一个篱笆三个桩，一个好汉三个帮”，哪有那种凭一己之力就在社会如入无人之境的人？在交朋友方面，我们真得学习孟尝君。人家手下门客三千，不但有高瞻远瞩、为主人焚券市义的冯谖，也有众多只会鸡鸣狗盗之伎俩的小人物。孟尝君一概来者不拒，好吃好喝地供养着。当他被秦昭王所困，贤人能臣一时都没了主意，还亏得鸡鸣狗盗之徒的帮忙才逃出函谷关，捡了一条命。他正是靠着手下一众门客在战国那个风云际会的时代左右逢源，狡兔三窟，书写了辉煌的人生篇章。我们生活在太平盛世，当然和孟尝君所处的时代相去甚远。可是，向他学学怎么交朋友肯定是错不了的。

我们要做一个敞开胸怀交朋友的人。很多人喜欢给自己划定条条框框，自己想做什么什么样的人，自己要交怎样怎样的朋友。我觉得这样非常不可取。人交朋友，还是做“性情中人”比较好一点，切不要太过功利。一味地想着我交一个律师朋友，将来可以帮我打官司；我交一个搞金融的朋友，将来可以在经济上给我资助……姑且不说你如此功利地结交朋友能不能交到真正的朋友，就算真的交到了朋友，待到你需要帮助，他们还是不是现在这个状态还不一定呢！所以，我们不妨把自己的胸怀打开，抛弃那些划下的条条框框。千里难寻是朋友，朋友多了路好走。所以，还是“看缘分”吧！

我们要做一个敞开心扉交朋友的人。说起朋友多，我还想起了水泊梁山的带头大哥宋江。宋大哥和梁山众好汉未必都能投脾气，可是他为什么能坐梁山第一把交椅？就在于宋江为人宽厚，做人做事始终一个“义”字当头，永远把兄弟们的事当成自己最大的事，包括最后一心要为梁山兄弟找一个出路，想着被“招安”。宋江的“义”在他与梁山好汉的互动中被持续放大，他在江州问斩时，许多英雄就自发前去劫法场。晁盖一死，吴用、林冲等人便不管什么遗嘱不遗嘱，全都跑来找宋江：“请哥哥为山寨之主。”李逵就说：“梁山上只有俺宋江哥哥坐头把交椅，俺才服。”你看，“及时雨”之所以能够占山为王，“交人交心”就是秘诀之一。

我们还要做一个善于与朋友互动的人。朋友，朋友，就是“月月友”，仓颉造字的神奇就体现在这里，是朋友就要常常走动。再亲近的关系疏远久了也会生锈。这种走动，不但包括通通电话、聊聊Q这些看似琐碎的小事，还应该包括的一点就是雪中送炭。如果你狭隘地把朋友定位为“能给予自己帮助的人”，那你注定失望。当我们察觉到朋友一时有难，我们应该主动地伸一把手。锦上添花固然好，却是很多人都会做的事，难以给人留下深刻的印象。最最可贵的就是雪中送炭，冰天雪地无所依靠的人们，一定会对你送来的取暖炭火终生不忘。能够把朋友的欢喜与哀愁感同身受，是最最亲近的朋友才做的事情。你为朋友付出的好，一定会收到加倍的回报。

做一个聪明交友的人。朋友如此重要，以致总有人走进交友的怪圈，不加甄别地选择朋友。殊不知，“近朱者赤，近墨者黑”，你所结交的人际圈子也是你人生的“名片”之一。要有所甄别，结交“好”朋友。如果那些所谓的“朋友”只是沉溺在酒色财气之中，那这样的酒肉朋友不要也罢。要结交“真”朋友，他们不因你所处地位高下就有分别地对待你，也不会为了取悦你而满口恭维，只会真心地为你着想，哪怕使用的是你不愿意接受的方式，你也要珍惜和善待这样的朋友。临危受难之时，你才能体会这类“真”朋友的可贵。

所以交朋友是一门学问。混社会，没有朋友不行，乱交朋友也不行。要交好朋友，真朋友，久朋友。歌中唱得就很好，“结识新朋友，不忘老朋友。多少新朋友，变成老朋友。天高地也厚，山高水长流。愿我们到处都有好朋友！”我们共勉吧！

◆ 让自己拥有别人拿不走的东西

常常有人感叹，生命中美好的事物总是转瞬即逝，譬如青春，譬如亲情。可是生命中也总有一些东西能够历久弥新、永远存在。谁也抢不走，永远只属于你。

读书有什么好？以前我常常有这样的疑问，尤其是上大学那些年，学校一般，专业就业前景一般，所在的城市一般，连同对自我的评价也一般。很多中学时期和自己称兄道弟的小伙伴要么早早就业，要么已经在学校开始自己的创业历程，每次聚会总感觉自己不如别人，总有淡淡的失落。心中常常迸发出“读书有什么用”的念头。后来踏入社会，虽然仍然常常上顿不接下顿，却也渐渐感觉到读书不是那么无用，有一件小事足以说明。

有一年有个随父亲经商的富二代朋友惹上了官司，案情复杂，十分难缠。眼看着公司被拖入官司的深渊中，他一点思路也没有，六神无主，非常消沉，只能天天和自己家聘请的律师泡在一起，希望能有人给他们指点迷津。可是人家律师毕竟只是把这当成工作的一部分，永远不可能有他一样的感同身受，所以给出的建议总是不痛不痒，能叫公司苟延残喘却难以恢复到正轨上。就在这个当口，他有次约我们几个人吃饭，我一个学法律的同学灵机一动给他指了一条道。他起先并不在意，但没过几天就兴奋地跟我们说同学说的那个方法很好，形势一下子柳暗花明了。他最后感叹了一句，还是读书好啊！

这件事给我感触很深，我常常拿出来和别人聊。没病没灾没事的时候，觉得读书是可有可无的东西，一旦平静的生活有了一点点的波澜，一下子就能体会到读书的好了。知识的一大效用就是能够让人把命运掌握在自己手里。什么该做什么不该做，怎么做好怎么做不好，我们不需要别人来告诉我们。即使对某一门知识不够精通，也能知道个大概。一个需要别人给你指路的人永远不能体会命运掌握在自己手里的滋味。

正如一个不曾失恋的人永远不知道失去爱情的痛楚，一个不曾失业的人永远不知道衣食无着的恐慌，一个不曾摔过跟头的人永远不会珍惜闲庭信步的幸福感，一个不曾迷路的人永远不会珍惜耳聪目明的时光。一个人不去经历些波折和坎坷，就不会懂得如何进退、如何把握。阅历就是这些经历和感受的总和。当你面对一个幽默的人，你为他的谈吐和风趣所折服，但是你能想象一个整天在家闭门打游戏的人会有那么多素材供你大笑出声吗？人家都说幽默是一种大智慧，只有集合了丰富的阅历和诙谐的性格才能造就。如果只有诙谐没有阅历那只能叫搞笑，如果只有阅历没有诙谐那只能叫故事。你读一本书，你被其中蕴含的智慧和厚重所吸引。你认为作者闭门造车就能写就吗？蒲松龄为了写《聊斋志异》搬个大板凳开茶摊为什么呢？阅历这东西可以给人自信，这一点也是我到北京之后感触最深的。北京压力那么大，为什么大家还趋之若鹜，不仅仅是因为这里的机会多多，还因为这里能让你开阔视野。阅历还能给你今后的生活带来借鉴，见过妖怪就不会害怕，见过阵仗就不会慌张。有了丰富的阅历，人生就好比陈年的酒，泛着悠长的香。

一个好汉三个帮，一个篱笆三个桩。我们总是羡慕有很多朋友的人。对这个事情，我有自己的感受和看法。我觉得朋友未必是越多越好。我们生活在这个世界上，未必是每一个人都要做宋江的，我们关心的可能只是衣食住行这样的小事，在乎的可能只是生活美好、家庭和谐，而不是“替天行道”之类的大事。有三五好友能够小酌一杯，开心的时候陪你开心一番，不开心的时候帮你想想办法就足够了。交友这件事，不要上纲上线，为的是一种心灵的归属感。很多人并不懂得如何与人交往，对此我觉得人和人之间，有一颗真心就好了。并不是每个人的所思所想都能与别人完全契合，但是只要我们怀着一颗虔诚的心与朋友交往，不论朋友是不是可以知情知意，他一定可以体察你的用心。很多珍贵的友情，可以伴随人的一生。如果弥留之时，回望漫漫人生路，有三五知己永驻心中，可谓生而无憾。

中国人历来把“读万卷书、行万里路”当成一种人生追求。我想如果再加上一个“交八方友”就更加完整了。知识、阅历和朋友都是终生伴随你、谁也抢不走的财富。

◆ 先想想你能给别人什么，再说你想要什么

有时候，我会接到一些求职的电话。我本人很反感那些拿起电话连自我介绍都没有就向我询问薪资情况的人，一般这样的情况下我都会反问一句，你知道我们是做什么的吗？很凑巧的是，我这个并不难的问题总会把人问住。其实想一想就可以理解，不讲自己能为别人实现多少价值，只问自己值几个钱的人一般也不会事前对要求职的单位有多少了解。我把这一类人叫作不想找工作的人。

有一个和我关系尚可的女同学，在大学毕业后不久就和相恋四年的男友分手了。她常常在社交媒体上对对方大声讨伐，言辞无外乎薄情寡义之类，哀叹多年的情感不如一时的火热，而事件的另一方从未有过发声的机会。很久以后见到同是同学的男孩，他解释说自从毕业后两个人不在一个地方了，女孩就开始不断猜疑，总是逼问他在做什么，什么时候才能找到安定的工作，有足够的钱把她娶回家，而当时他工作无着又生病在身，久而久之，身心俱疲。这个时候，儿时青梅竹马的玩伴反而常常去家中探望。是时的温暖加上儿时的情谊，促使他做了分手的决定。现在的男孩已经是一个宝宝的父亲，生活幸福。我始终觉得他做了一个正确的决定，一个只知道索取而不懂得体察男人心情的人不

值得一生相守。我把那个女同学这一类人叫作不懂得爱的人。

如果上学期间我们没有男女朋友，毕业后家长就要催着去相亲。相亲的一大缺点就是好像爱情变成了买卖。双方总是不自觉地考虑对方的相貌、家世、工作和财产之类的问题。这好像也无可厚非，但是可悲就可悲在有的人总是一味地要求别人有这有那，却从来不管自己的情况怎样。你要求别人高门大户，你能门当户对配得上人家吗？你要求人家工作安稳、高薪多金，你自己是事业有成、前途无量吗？如果答案都是否定的，你又有什么资格提出那些要求呢？我把这些人叫作不知自己几斤几两的人。

上面这几类人都是可悲的人，都走着自以为聪明的路，也终将“聪明反被聪明误”。

遇事多问自己能为别人做什么。有一个行业叫作“猎头”。如果你真的对企业有足够的吸引力，不用你拿起电话去问别人需不需要人，自然会有人找上门来，报给你满意的薪酬。前提就是你能、你行、你可以。资源的稀缺性决定它的议价能力。只有人无我有、人有我优，你才能变成“香饽饽”，被别人抢着“需要”。一个强大的自我所能选择的余地是靠看人脸色行事的人所无法想象的，只有具备更多为别人做事的能力，才能成为社会不可或缺的一环。一个强大的人也具有更强的抗风险能力，你身上的技能能够使你在社会的变革中立于不败之地。

话也说回来，不管你是不是强大到处处都有过人的地方，你都不需要太在意别人能为你做什么，因为人的日子是自己的，要想过上想要的生活也需要自己的双手去创造。做好自己该做的，一切用不着那么费力去“求”，一切都会水到渠成。很多时候真是那样，“人在做、天在看”，做人做事只要过得去自己内心这一关就好了，别人承认不承认的变数太大了，问心无愧就行。至于你怎么看我，给我什么评价，我真的左右不了。如果我没有自己全身心投入到该做的事情中去，就算你给我金山银山、满身勋章，我还是过不了内心这一关。

付出和收获是对等的。“一分耕耘，一分收获”。只想着“别人能回馈我什么”的人，就好像春天不播种，夏天不施肥，却只考虑秋天能收获什么。如果那样，秋天不但收获不了什么，冬天还可能挨饿呢！多想想“我能为别人做什么”，就好像春天一心想着怎么播种、保苗，夏天想着除草、施肥，秋天到了，地里的庄稼能不金灿灿的叫人欢喜吗？很多东西，求是求不来的，要干出来。

对自己得不到的东西学会释然吧，对自己比不过的人学会宽容吧。不是命运不眷顾我们，也不是别人轻看和排挤我们，也许只是因为我们还不够强大。从眼下开始多学一点、多看一点、多做一点，等到你能为别人做到更多，你一定会得到比你想要的更多。

第12章

内心强大才能在前行的道路上披荆斩棘

◆ 人人都有过“受迫害”的青春

很多人都说青春是痛的，我觉得这并不全面。青春是有痛楚的，但是也充满了成长的喜悦。懂得自立的结果就是要每天更早地起床、收拾床铺，懂得学习的结果就是不能只会瞎玩疯跑，还要屁股坐定、成绩提升。情窦初开的结果就是开始暗恋和爱慕，却也要承受相思之苦、失恋之痛。就好像从孩子的房间推开门进入成人的房间。不管你是否已经做好准备，你都不得不面对青春猝然而来的感觉。初春的风带来了春的气息，吹绿了柳枝，吹出了新芽，但是依然吹得人的脸庞烈烈作痛。我们经历着这段历程，品尝着成长的喜悦，也感受着成长的烦恼。这才是青春本来的滋味。

青春的痛，就好似蝉蜕，是成长必然经历的过程。蝉每成长一次，都要用尽力气从旧的躯壳里挣扎而出。为了成长，总要付出代价。如果不经历考场失神、考卷挂红、开学重考，你怎么知道需要付出加倍的勤奋方才不被人远远甩在身后？如果不经历怦然心动、黯然失落、无所依靠，你怎么知道爱情本来的滋味就是酸甜夹杂，找到一生的爱人需要千万里的寻觅、不放弃的坚守呢？如果没有经历过迷惘无着、不知所之、坎坷艰辛，你怎么会知道有一份珍视的事业是多么难得、能够为所热爱的事业奋斗是多么幸福！只有脱下阵痛的蝉蜕，才能给今后的人生之路打下坚实的基础，现在的痛是为了今后的不痛。

时间真是奇妙的东西，可以改变一切。现在我们再回头看年少时我们无比坚持、无比看重、无比热爱的很多事物，都有时过境迁的感觉，很多时候都会淡然一笑。那个时候的我们，热爱音乐和文学，为了买到首发的CD可以清早就去排队，为了看到所谓的“偶像”，可以省吃俭用都要去看他（她）的演唱会。那个时候的我们，为了心爱的那个他（她），可以写好长好长的信，可以忍受长久的相思，可以一起报高考志愿一起去一个城市，我们都毫无怨言。那个时候的我们，为了友谊可以放弃全部，甚至连父母兄弟的话都听不进心里，朋友的一句话胜过你所有人生经验的总和。可是，才十几年的工夫，我们却再也回不到那些愣头青一样的往昔。我们安慰自己说我们长大了。是的，我们再也不会那么“傻”了，可是我们却也再也不会那么“真”了。

谁都有难以忘怀的青春，都曾经历那貌似被迫害的痛。可是，现在再来看，却发现那所谓的“被迫害的痛”多半是自我加压和不善排解造成的。都说青春期是迷惘而叛逆的，这是一个生理成熟的过程，也是心理成熟的过程。每当面对青春期无法管教的孩子，我们常常安慰说：“长大了就好了”。因为长大了心胸会变得宽广。在那个特别敏感的季节，我们习惯把自己摆在一个“被侮辱和被损害的”位置上，习惯把别人的无心之失当成是有心之过。习惯把简单的情绪无限放大，习惯把是时的思绪延续很久。

一个十几岁的孩子要从中体悟的，除了“成长”是改变被“压迫”现状的唯一方式，还要学习“化悲痛为力量”的能力。这个词好像说得多，真正实践的时候少。其实你终会明白，等是永远等不来尊重的，等是永远等不来成绩的，等更等不来姻缘的。与其长时间沉浸在“受迫害”的虚幻情绪里“临渊羡鱼”，不如回去做些该做的事情“退而结网”，要知道，实力是回应一切轻视和伤害最好的手段。

◆ 去做你害怕的事，直到你获得成功的经验

有一个人，从学校出来就进入工厂，和钢铁打了二十年交道。从机械加工车间的学徒工开始做起，自学了机械原理，从早晨离家到下午回家，十几小时都待在车间里面钻研。为了弥补那个时代同龄人身上普遍存在的文化知识欠缺的弱点，他废寝忘食、勤学苦练、不懂就问，零起点学会了刨床、镗床、铣床等全套机械的操作和加工技能，成了工厂的业务骨干。后来因缘际会进入了钢铁生产行业。从销售生铁块的业务员开始做起，在企业的初创成长期，为企业的发展壮大立下汗马功劳。那些为企业奋斗的日子里，他常常吃住在办公室里，常常在外出差比在家待的时候还多。因为应酬太多，体重暴增且积累了一身的小毛病。等到企业做大，他已经是企业的销售主管了。因为厌倦了家族企业一样用人唯亲的做派，他决心走出去。作出决定之前，他也迟疑，他也慌张。但是怀着那个时代走过来的人的特有的赤子情怀，他在40岁的时候从国企辞职，开始创业。

很多年以后回忆自己当初决定的时候，他说他也不知道当时的决定是对是错，因为创业维艰，自己要付出比从前多好多倍的精力与体力，要承担从来不曾想象的压力和负担。但是唯一可以肯定的是，假如仍然还在吃大锅饭的国企

里，那全家一定会像他许许多多的同龄人一样，不会有放儿女去外面闯的底气和信心，甚至可能都要靠儿女贴补家用。他做出了叫自己拿不准的决定，付出了想不到的努力，也得到了应该得到的。他的经历常常激励他的儿女们。

这个人，是我的父亲。

有一个人，读书期间一直成绩优异，大学里每个学期都能拿到奖学金。毕业后顺理成章地进入了当地一家很有实力的银行工作。小城市里令人羡慕的薪酬，和谐团结的工作团队，在别人的赞誉声里，在父母满意的眼神里，她体会到了工作的意义。她觉得即使忙碌，每一天也充满干劲。

可是心爱的人要去更广阔的天地寻找自己的梦想。她鼓励他去做自己想做的事。没有人知道她也曾在黑夜里辗转无眠，不知道自己多年的坚守是不是能得到自己想要的幸福。她想要放下一切去追随他。但是她感到有一些害怕。因为在那陌生的城市，她无依无靠，她没有工作，她甚至不清楚是不是有未来。但是她说服自己要相信自己的能力，相信他们的爱情，相信明天有幸福等自己。所以她在别人或者疑惑、或者不屑的眼神里辞职，收拾了一下行囊就去了陌生的城市。经历了最初的阵痛，她发现原来自己比自己预想的更有力量，原来他们的爱情比她想象的还能经历风雨。她站稳了脚跟，有了自己喜欢的事业，也终于守得云开见月明。

这个人，是我的妻子。

有一个人，从小心气很高，成绩优异，心里始终怀揣着自己的梦想，不曾忘怀。高考结束后，阴差阳错他去了一个名不见经传的大学读了一个自己完全不喜欢不擅长的专业。看着父母殷切期望的眼神，他不忍叫他们担心，背起了行囊。他至今感谢在那个学校里给予自己无限爱与关怀的老师和同学。但是随着时间的推移，看着惨淡的成绩，他有些动摇了，他想要换专业。在得知调专业不可能之后，他想到了退学。这个念头出来，他自己都有些恐惧了。已经是3月了，如果退学，距离下一年的高考只有两个月了。而退学之后，谁又能保证下一次的选择会比这一次更加如愿呢?

反复的犹豫和迟疑之后，还是他永不言败的性格发挥了作用。要么做自己想要的，要么就不做！他做了决定，用一个下午走完退学程序，然后回到曾经的高中。物是人非，非亲身经历无法体会那种别样的心情。他强迫自己不要想太多，因为他根本没有时间，他想要去他梦想的大学，学习他喜欢的专业。也许命运真的青睐奋进到忘记自己的人。两个月之后，他终于如愿以偿。

这个人，是我。

我们家是中国千千万万个普通家庭中的一个，我们都是最最平凡的普通人。每个人在面临抉择的时候都会恐惧。因为面对未知，恐惧是人的本能。可是，要相信自己可以，战胜自己的恐惧，就一定能得到你想得到的一切。

我们可以做到的，你们都能做到，相信我。

◆ 不要试图和每个人搞好关系

每一个初出茅庐的青年初入职场都有这样一种想法：努力工作，和同事处好关系。我们的爸爸妈妈也一定会在上班前叮咛和嘱咐：积极一点、勤快一点、和颜悦色一点。于是，满怀着对新生活的憧憬，我们走向了新的人生位置。

可是大多数时候天不遂人愿。我到北京工作的第一天，对将要从事的工作一无所知。部门总共四个人，两个头头之外只有一个年轻人，我挺积极地上去和人家套近乎，却发现人家根本不理不睬，你问三声人家“嗯”一下就不错了。满心热情碰一鼻子灰，晚上回家来辗转反侧检讨自己哪里做得不对。现在想想都觉得可笑，我们初来乍到能有什么做得不对的？就算有不对的也没有人会计较。我们唯一不对的，就是太期望和每一个人都处好关系了。因为，有这样的出发点本身就是错的，试图做一个人人夸赞的好人是不可能的。

如果你的身边真的存在一个“万金油”一样的人，那他一定有你不知的另一面。接触过很多人之后你会发现，很多在单位里面脾气不咋地、脸色不咋地的同事在自己妻儿面前却特别温柔、特别有爱。有些在同事面前卑躬屈膝、笑容可掬的人到了家却成了“老爷”，还常有“家暴”的嫌疑。人在这社会上有很多面，虽然我们要努力做一个方方面面都认可的“好人”，但是你千万别太高估你身边那些太过“温和”的同事。他们的“阳光”很可能是在太阳照耀的地方，在阳光照不到的地方，很可能会有你看不到“阴暗面”。

我们和别人相处，情谊和利益是同等重要的事情。谁也无法否认人与人之间有远近亲疏的区别，同样不能否认我们对“朋友”这个词本身就寄托了一种“同甘共苦”的期望。只讲利益不讲情谊的关系，算不上“朋友”，也无法长久，如同一次性餐具，用过就扔掉好了。可有的时候你一腔热血为朋友付出，你觉得你们之间情深义重，但等需要别人伸一把手的时候，他却不见了，这也不是真“朋友”。我们要拿捏情谊和利益的关系，找到一个黄金分割点。只讲利不讲义近“商”，只讲义不讲利过“仁”，都不可取。

最后要说的就是要亲贤远佞，结交讲真话、做真事的好朋友。古训云“良药苦口利于病，忠言逆耳利于行”。爱听好话是人性的弱点。只是有的人把好听的话听过也就听过了，回头做自己该做的事，有的人把虚假的“客我”慢慢当成真实的“主我”，渐渐分不清南北，迷失了自我。一时的痛快和一世的踏实相比，我想还是后者更实际些。

试图和每个人做好朋友本身就是不切实际的，在有限的生命中，能用有限的精力结交真朋友就足够好了。即使在今天，韩愈所言：“亲贤远佞，非道勿履，非礼勿行”仍然有积极的现实意义。

◆ 对待寂寞的方式不同，收获也会不同

我曾经和很多人闲聊，问他们的寂寞时光是如何度过的。我说我经常有大把空闲他们都不相信。因为好像我身边始终有女儿陪伴，始终有很多伙伴，始终有事可做，始终不断在往前奔。他们不知，对人生来说，寂寞是一种心灵的无所依、灵魂的无所就，自我的无处寻，未来的不可见。这一切，我都有，但是我也不会把这些时光白白浪费掉。这些年里我从一个羞涩内向、不够自信、懵懵懂懂的少年有了飞速的改变。不太谦虚地说，这些时光造就了我永不服输的性格、豁达积极的心态、向往美好的追求和干啥像啥的自理能力。

我一直认为，谦卑是一把双刃剑，一方面给人谦恭有礼的印象，另一方面却总给人信心不足之感。所以，每当别人吹起牛皮，我一般都是默默地听，不去跟风显摆自己，因为己不及人的地方更多，姑且听之泰然处之就好了。唯一叫人不痛快的就是总有人盛气凌人，动辄“你行吗”“你试试啊”之类的话。刚毕业那几年，公务员考试无比火热，我的同学们一窝蜂地去抢“铁饭碗”。某次吃饭，适逢当年省公务员考试刚出面试名单。某女同学喜入围，大家少不了恭维一番。但她仍然一个劲儿地强调入围面试多么多么不容易。眼看着大家都很无趣，我打趣道“我们谈谈天气吧”。不曾想她却发飙：“你们就是

嫉妒，叫你去考你连100也得不到（总分200）。”我平生最最不爱听这样的说，所以暗暗要下决心要看看有多难考。毕业前本无所事事的时光一下子有了主轴，我把闲散的时光集合起来，竟然发现原来公务员的试题还挺有意思。11月我参加国考，至今我还记得我的分数124.5，某省省国税一职位第一名。我参加考试当然不只是因为那一句赌气的话，但是把那些无人理睬的闲碎时光利用起来你就能做很多事。后来因为一些原因我放弃了那次机会。讲这个故事，只是想说，在被人轻视的时候，不妨把无依无靠的寂寥时光用来强大自我，只有如此，才能对得起我们吹出去的牛皮，才能安慰自己永不服输的内心。

在成长的某些阶段，我一直比较自闭。说起来，我至今都非常怀念大学时代每天起来收拾好一天要读的书和要吃的饭，买上一听我最爱的可口可乐或者拎着一桶水去自习室的情景。这么多年过去了，再也没有时间去熟悉的校园走一走，再也没有机会去看看那“漂亮的女生，白发的先生”，再也回不到年轻的十八九岁。虽然人生的每一个阶段都有它独特的风景，但是乍一想起，心头还是掠过一丝丝的感伤。除去感伤，更多的是不舍，在那段日子，我读了超过之前已读书总和的书，写了超过自己以前所写总和的笔记、日记，也开启了我遇事爱思考、做事打草稿的节奏，是我由青涩到成熟的开始。我受益终生，至今念念不忘。

毕业前找工作的那段日子，身边的朋友们好像都很有着落，靠本事的有之，靠门路的有之，靠运气的也有之，反正都比我强。只有我闲来荡去，不知所之。做记者的日子，身边的同事好像都生财有道，拉客户的有之，吃宴请的有之，拿车马费的也有之，只有我扛着机器去，收起笔记本就走。后来到了北京，好像认识的每一个人都古灵精怪。经常通宵加班的拼命三郎有之，一门心思走关系者有之，只有我从来不关心谁升谁降，下班点一到就走人。每个人有自己看重的领域，每个人有自己关心的方面。工作不是说换就换，但是心可以跟着感觉走。也许把工作和生活分得清楚并不完全是件好事，但是在那貌似寂寥的时光里，我学会了不被别人的节奏所打乱，对别人的好与坏泰然处之，也练就了自己乐观豁达的心态——每个人都有属于自己的路，不攀比、不羡慕，一步一步往前走就好了。

常常有人问我节假日是怎么度过的。北京人多车堵，到处是乌泱泱的人群，所以他们都习惯待在家里无所事事。其实我觉得自己还挺忙的。有时候兴致来了会起一个大早去近郊转转。金山岭就去过很多次，你见过只有三五游客的长城吗，那么湛蓝的天、那么轻柔的风，那么雄美的景象，绝对是八达岭、居庸关体会不到的感受。居家过日子也总会有水电暖气的烦恼，万一有个小毛病求人雇人都不如自己上手解决来得方便快捷。不会也没关系，不会就先请人来修一次，学习一次不就会了，世界上的事有什么是学不会的？这几年，通个上下水、换个保险、接个网线、活个水泥抹个墙我早都学会了。自己想想，不但打发了闲暇的时光，还真的收获不小，省了不少钱呢！

寂寞是一种心态，忙碌是一种选择。对待寂寞的方式不同，你的收获也不同。

◆ 疼痛也是人生的一部分

在IT界，有一个人鼎鼎大名，他曾经做过微软和谷歌两家巨无霸的高管，后来创办了“创新工场”，还致力于帮助中国大学生创业，他就是李开复。李开复还是微博上的大咖，作为粉丝，我常常为他睿智的话语所折服。遗憾的是去年夏天他罹患癌症，在微博中他这样写道：“虽然淋巴癌听起来并不乐观，也让家人和朋友们很担心。但生活就是这样：往往来得意外，但既然遭遇就应坦然面对。病痛也是生活的一部分，我会选择更加积极的心态来面对生活起伏。”你看，导师就是导师，即使在在这么紧要的关头，也能为青年送上心灵鸡汤。

这个世界上有谁能够逃脱疼痛？有谁能够回避死亡？长生不老是古往今来多少人的梦想，凡夫俗子自不用说，英明神武如秦皇汉武，不也对世间荣华念念不忘，一心想要寻找那本不存在的长生不老药。我们活在这个世界，有太多的不公平，出身不同、成长环境不同、人生道路也不同。但是唯有生和死没有分别，唯有生命中生离死别的痛楚没有高低贵贱之分。腰缠万贯一样逃不脱命运之神的操弄，庙堂高位一样需要面对喜怒哀乐。南北朝时期南朝宋顺帝被迫禅位给逆臣，悲愤交加，说：“愿生生世世再不生帝王家。”帝王之荣耀，世间所罕有，一呼百应，天下无二。可是面对无法左右的命运，一样是长叹一声，感慨命运弄人。

在造物主的眼里，我们身上有形的金银珠饰、华衣丽服，心中无形的权势地位、学识信仰都不存在，每个人都是赤条条地站在那里，等待命运的裁决。

从前很多仁人志士抛弃优裕的生活，把自己的一切投入到为黎民百姓谋幸福的伟大事业中去，他们是最早觉醒的中国人，他们本可以在家舒舒服服做一辈子大少爷，最终却投身到血雨腥风中，甚至赔上了生命，为什么？因为他们信奉的是“宁可站着死，不愿跪着生”的人生信条。如果活着只是为了吃饭、睡觉、繁衍后代，那样和动物有几何区别？用自己的痛去换取更多人的幸，才是真正的幸福。没有疼痛的舒服生活是低级别的生存状态，那样的生活还不如不要。

没有疼痛的人生是不完整的。以前在学校的时候，有朋友失恋，寻死觅活，觉得连活下去的勇气都没有了，QQ签名都改成“不敢爱了”。我们安慰她说，别那么矫情，你应该感到自豪。一来看清了对方的本来面目，二来丰富了人生的阅历，以后才能在爱情之路上少走弯路。她那时当然是听不进去的。可静下心来想想我说的一点都不假。人活一辈子，名啊利啊都是浮云，只有自己感受到的才是真真切切的。能有疼痛的经历，将来说不定也是一份难得的人生回忆。人家都说悲剧更容易被人记住，说的大概就是这个道理吧。没有疼痛，活着也没太大滋味！

虽说疼痛对于人生不可或缺，可是由着疼痛无限持续就有自虐的倾向了。贝多芬耳聋之后还创作了《英雄》《命运》等不朽名作，我等凡人又有什么疼痛不可战胜？有时候疼痛是人生的一味作料，给平淡如水的生活一丝涟漪，可千万不要只会对着疼痛微笑，如果那样，疼痛会变换面目，穷凶极恶起来。很多疼痛，你战胜它，再回头看就是成功路上的一段小插曲。你畏惧它，它就会持续不断，说不定还会让你伤筋动骨，以后下雨阴天隐隐作痛。所以，拿出你的决心和勇气来，把写满疼痛的人生咽喉紧紧扼住。这样，才是命运的强者。

人生几多风雨，活一辈子总要面对太多的不如意，经历许许多多不曾预料的伤与痛。我们在很多疼痛发生的时候心有惶恐，可是很多年以后再去回望，那恰恰是成长的阵痛。经历过这一段，前面就是一马平川了。

◆ 人言不可畏，畏的是你心太单薄

人除去自然属性，还有社会属性。看过一个故事，说世界上最短的小说名叫《生活》，内容只有一个字：网。写得很贴切，世界上没有一个人可以不依存别人而独立存在。从前中国有很多隐士，他们蜗居深山，自给自足，灵魂自由。可是，现在这样的情况就几乎绝迹了，为什么？因为社会发展到今天，我们都已经愈发地被紧紧束缚在社会这张大网中，作为这张网上一个不起眼的网点，我们吃饭穿衣打电话都要和人打交道。我们比以往任何一个时代的人都更加需要别人，所以，“别人”就成了任何人都必须关注和忌惮的群体。遇到事情，很多人喜欢不问自己，先看别人。别人的好恶和评价很多时候会代替他们自己思考，会比他们自己的感受更加重要。这样的情况在女孩群体中尤其多。

“抱团取暖”是卑微的个体在面对危机的时候的自然选择，可是平常过日子，多是柴米油盐的小事，远远达不到和需要时时和周围的人紧紧相拥的程度，所以大家的心气自然没有那么齐。有的人爱吃萝卜，有的人爱吃青菜，志趣爱好都不同，所以价值取向就有很大差异。同样一个选择题，每个人的答案都不相同。可以参考别人的意见，但是大主意一定要自己拿。找工作，找伴侣都是这样。妻以前有个同事，毕业后就进了我们当地一家股份制银行工作，稳定多薪，人人羡慕，可是她就是坐不住。学音乐出身的她一心要去音乐人心目中的圣地——北京。所有人都不理解，但是她还是执拗地辞职走了。年初，有个偶然的机会在北京798遇见了她。感叹世界真小的同时，妻忍不住好奇地问她这几年过得怎么样，为什么说走就走了。她说找工作就好比买鞋，外人看到的是好看不好看，可是穿鞋的人在意的是舒服不舒服。再好看的鞋子要是卡脚就不如不穿。为这段话点32个赞！管别人怎么说怎么看，累不累啊！你自己过得舒服吗？你自己感到开心吗？早晨醒来觉得有奔头吗？如果是这样，嘴巴长在别人身上，由他们讲好了！

不要只是抱怨，要多反思自省。小时候，如果我们和别的小朋友吵了架，被别的小朋友欺负了，我妈总是说小孩子打打闹闹很正常，用不着大惊小怪。在她的意识里，打打闹闹也是孩童世界的一种乐趣。但是总有不识趣的小朋友爸爸妈妈喜欢把小孩子之间的玩闹扯到大人的世界。有时候还要以“被欺负”为由找到其他小朋友家里。遇见别人找到家里这样的情况，我妈既不会像有些家长一样一味地给自己孩子争理，因为那样就把简单的事情复杂化；也不会和有的家长一样只会批评自己的孩子，因为那样会叫孩子幼小的心灵感觉孤单。她会像聊家常一样和对方聊天，平息对方的情绪也安抚我们，表面上帮我们说几句好话，但是事后一定会把事情的来龙去脉讲清楚，告诉我们什么是对的什么是错的，错了要改，以后不要再错。父母的教育叫我们受益终生，用在这里也行得通。面对别人的指指点点，我们既要坚持自己的选择，不为所动，私底下又要认真反思，汲取别人话语里可取的地方。兼听则明，谁也不能保证自己永远正确，所以正视自己和反思自我是必要的。

我们需要锻炼自己克服干扰的定力。学生时代我们做过无法计数的选择题，现在回想起高中时候大家晚自习做题的情景还挺怀念，那种大家一起边聊边做题的生活永远活在记忆里。人生中很多美好的回忆在发生的时刻我们都不曾留意，现在再回味起来总是难免有韶华易逝的伤感。言归正传，那个时候我们讨论某个题目，就算自己反复验算，认定自己无比正确，可要是其他人一致选择了其他答案，我们心里也会慌张。传播学上有一个著名的理论叫“沉默的螺旋”，人们习惯遵从大多数人认可的事实，所以有时候可不能小瞧了“舆论”的压力。还是那个“穿鞋”的道理，我们最了解自己的情况，听到不同声音之后反复验证仍然认定自己的正确，那不妨坚持下去。人生不是“少数服从多数”的选择题，“真理往往掌握在少数人手中”。

说一千道一万，我们全部的犹豫、我们全部的担心都是源于一种对自己决定不够正确的害怕。这个命题反过来讲，假如我们能够保证自己的所有决定都经得起时间的检验，经得起他人的验证，那么又何必在事前的选择上耽误太多力气？只要路是对的，我愿意走哪条谁能管得着？这个世界上的成功者大多数人都有一种对自己意见的执拗。不过，也许那算不上“执拗”，因为可能他们早就成竹在胸。

使自己强大就是解决“人言可畏”的最佳良药。在强大的过程中，别忘了也要慢慢练就一颗大心脏哦！

◆ 不必仰望别人，自己亦是风景

你应该知道："比尔·盖茨的书不会告诉你他母亲是IBM董事，是她给儿子促成了第一单大生意。巴菲特的书只会告诉你他8岁就知道去参观纽交所，但不会告诉你是他国会议员的父亲带他去的，是高盛的董事接待的。王石、任正非和马化腾的故事不会告诉你他们的父辈都为他们打下了坚实的物质基础和人脉关系。

虽然如此，你还要了解的事实是，比比尔·盖茨、巴菲特、马化腾等人的爹妈更厉害的人大有人在，但是那些人都没有成为他们一样的人物，因为没人比他们更聪明更勤奋更善于抓住机会，所以他们也一定有你比不了的过人之处。

就算我也只是北京成千上万追梦人中的一个，做着最微不足道的工作，但我能够从来不因为任何原因爽约，分内的事情不因为任何原因出差错，身边能想到的事情绝大多数不假手他人，靠自己的智慧、勤奋、努力、乐观、豁达和坚韧让自己的身边人信任，使他们不至于在漫漫黑夜无人依偎、人生低潮无所依靠、十字路口无所跟随，所以，我身上也一定有你所需要学习的地方。

人生自有自己的一片风景。因为你来到这个世界上，你有独一无二的父母、出生在独一无二的家庭、成长在独一无二的环境，接触了独一无二的圈子，有着独一无二的人生。所以你一定要活出独一无二的自己来。你要相信，就算你对世界是微不足道的，至少，你在亲人那里，是最最珍贵、最最可爱、最最可以信赖的人。所以，有多大的抱负就去实践多大的理想，有多大的天地就去挥洒多大的力气，尽情地书写属于你的人生画卷。待到年老的时候，才能骄傲地对自己说不枉此生。

世界上没有完全相同的两个人，书籍上没有完全相同的两份剧情。我们自怨自艾当下人生的苦闷，或许在别人眼里，你正经历的是难得的人生际遇。你羡慕别人居高楼大厦、乘宝马香车，别人还羡慕你深居自然、空气新鲜。你羡慕别人拥有的，却不知自己也是别人羡慕的对象呢！“明月装饰了你的窗子，你装饰了别人的梦”。不必太在意别人拥有的，珍惜已经拥有的，就够了。

很多的励志故事既是为了“励志”，也是一个“故事”。写出来，作用是给长夜辗转、长路徘徊的人们一点“正能量”。如果它真的起到了这样的作用，那就是它存在的最大价值。每个人的情况独一无二，能够汲取的或许也只能是一种无形的“力量”，事情究竟要怎么发展，人生如何改变，唯一能够起到决定性作用的，其实，还是你自己。

我始终感激人生路上遇见的每一个人，我始终感怀人生路上的每一段旅程。我愿意把那些感动我的故事写出来与大家共勉，我也愿意把自己经历过的好的坏的往事与大家共享。如果你曾经被其中的力量感染，如果你有一点被我的故事打动，那真是我写作之幸，是对我最大的肯定。

但是请始终相信，你一样优秀和独一无二，我更希望在今后的某一个时刻，我们能够面对面坐着，轻叙旅途之美，轻念生活之乐，感叹相遇之幸，交流人生之感。

请始终相信，不必仰望别人，我们自是风景。

后 记

写这本书的时候，家中突生变故。一辈子辛勤本分的父母面对现实，一下子苍老许多。自己身边琐事芜杂，头绪繁多，常常提笔忘词，头脑空空。交稿日期临近，心急如焚。

既然写不下去，就先从校稿开始。于是，一篇一篇地翻阅从前积攒的文稿，一段一段地揣摩、品味。那些记忆里点滴的往事一遍一遍浮现，那些曾经感动自己的事例再一次回放。常常在夜深人静的时候难以成眠。回望30年的人生之路，些许遗憾、些许悔恨，更多的却是浓浓的情、深深的意、满满的收获。我想人应该知足，应该朝前看，应该勇敢地迈出战胜艰难险阻的第一步。

妻先行回家，陪伴父母。我自己留在北京，一边校读，一边修改。慢慢地，情况有所改变，家中的事情稍有平静，自己这里也一步一个脚印儿，按部就班地推进。经历过三易其稿，终于在满眼翠绿的六月如期成书。现在，再回望这个忙碌的春天，竟然有一点点的怀念。

绿色代表着希望，“看那蓝蓝的天空下，所有的人都在眺望将来的一切”，这是希望的季节。清明假期，逃离笼罩在雾霾下的北京，踏上郊外的田野，望着眼前一望无际的油菜花，忽然生发出种种豪情。这么些年，基本上放下了感情丰沛的笔，翻翻这十几万字的书稿，小时候的写作梦又开始清晰。

我会努力地写下去。

因为，在写作的世界里，我能够得到我最向往的——自由。

作者

2014年秋于北京